四大文化的精华。自古以来，喜马拉雅不仅是多民族的地区，也是多宗教的地区，包括了苯教、印度教、佛教、耆那教、伊斯兰教以及锡克教、拜火教。起源于印度的佛教如今在印度的影响力已经不大，但佛教通过传播对印度周边的国家产生了相当大的影响。在中国直接受到的外来文化的影响中，最明显的莫过于以佛教为媒介的印度文化和希腊化的犍陀罗文化。对于这些文化，如不跨越国界加以宏观、大系统考察，即无从正确认识。所以研究喜马拉雅文化是中国东方文化研究达到一定阶段时必然提出的问题。

从东晋时法显游历印度并著书《佛国记》开始，中国人对印度的研究有着清晰的历史脉络，并且世代传承。唐代玄奘求学印度并著书《大唐西域记》；义净著书《大唐西域求法高僧传》和《南海寄归内法传》；明代郑和下西洋，其随从著书《瀛涯胜览》《星槎胜览》《西洋番国志》，对于当时印度国家与城市都有详细真实的描述。进入 20 世纪后，中国人继续研究印度。

蔡元培在北京大学任校长期间，曾设"印度哲学课"。胡适任校长后，又增设东方语言文学系，最早设立梵文、巴利文专业（50 年代又增加印度斯坦语），由季羡林和金克木执教。除了季羡林和金克木，汤用彤也是印度哲学研究的专家。这些学者对《法显传》《大唐西域记》《大唐西域求法高僧传》和《南海寄归内法传》进行校注出版，加入了近代学者科学考察和研究的新内容，在印度哲学、文学、语言文化、历史、地理等领域多有建树。在中国，研究印度建筑的倡始者是著名建筑学家刘敦桢先生，他曾于 1959 年初率我国文化代表团访问印度，参观了阿旃陀石窟寺等多处佛教遗址。回国后当年招收印度建筑史研究生一人，并亲自讲授印度建筑史课，这在国内还是独一无二的创举。1963 年刘敦桢先生 66 岁，除了完成《中国古代建筑史》书稿的修改，还指导研究生对印度古代建筑进行研究并系统授课，留下了授课笔记和讲稿，并在《刘敦桢文集》中留下《访问印度日记》一文。可惜 1962 年中印关系恶化，以致影响了向印度派遣留学生的计划，随后不久的"十年动乱"，更使这一研究被搁置起来。由于历史的原因，近代中国印度文化研究的专家、学者难以跨越喜马拉雅障碍进入实地调研，把青藏高原的研究和喜马拉雅的研究结合起来。

意大利著名学者朱塞佩·图齐（1894—1984）是西方对于喜马拉雅地区文化探索的先驱。1925—1930 年，他在印度国际大学和加尔各答大学教授意大利语、汉语和藏语；1928—1948 年，图齐八次赴藏地考察，他的前五次（1928、1930、1931、1933、1935）藏地考察均从喜马拉雅山脉的西部，今天克什米尔的斯利那加（前三次）、西姆拉（1933）、阿尔莫拉（1935）动身，沿着河流和山谷东行，即古代的中印佛教传播和商旅之路。他首次发现了拉达克森格藏布河（上游在中国境内叫狮泉河，下游在印度和巴基斯坦叫印度河）河谷的阿契寺、斯必提河谷（印度喜马偕尔邦）的塔波寺（西藏藏佛教后弘期重要寺庙，

两处寺庙已经列入《世界文化遗产名录》），还考察了托林寺、玛朗寺和科迦寺的建筑与壁画，考察的成果便是《梵天佛地》著作的第一、二、三卷。正是这些著作奠定了图齐研究藏族艺术和藏传佛教史的基础。后三次（1937、1939、1948）的藏地考察是从喜马拉雅中部开始，注意力转向卫藏。1925—1954 年，图齐六次调查尼泊尔，拓展了在大喜马拉雅地区的活动，揭开了已湮没的王国和文化的神秘面纱，其中印度和藏地的邂逅是最重要的主题。1955—1978 年，他在巴基斯坦北部的喜马拉雅山麓，古代称之为乌仗那的斯瓦特地区开展考古发掘，期间组织了在阿富汗和伊朗的考古发掘。他的一生学术成果斐然，成为公认的最杰出的藏学家。

图齐的研究不仅涉及佛教，在印度、中国、日本的宗教哲学研究方面也颇有建树。他先后出版了《中国古代哲学史》和《印度哲学史》，真正做到"跨越喜马拉雅、扬帆印度洋"，将中印文化的研究结合起来。

江苏省文化产业引导资金文化艺术精品项目
江苏省"十三五"重点图书出版规划项目

传统建筑

印度喜马偕尔邦

汪永平 王婷婷 编著

Traditional
Architecture
of Himachal
Pradesh in India

Himalayan Series of Urban and Architectural Culture

行走在喜马拉雅的云水间

序

2015年正值南京工业大学建筑学院（原南京建筑工程学院建筑系）成立三十周年，我作为学院的创始人，在10月举办的办学三十周年庆典和学术报告会上，汇报了自己和团队自1999年以来走进西藏、2011年走进印度，围绕喜马拉雅山脉17年以来所做的研究。研究成果的体现，便是这套"喜马拉雅城市与建筑文化遗产丛书"问世。

出版这套丛书（第一辑15册）是笔者和学生们多年的宿愿。17年来我们未曾间断，前后百余人，30多次进入西藏调研，7次进入印度，3次进入尼泊尔，在喜马拉雅山脉相连的青藏高原、克什米尔谷地、拉达克列城、加德满都谷地都留下了考察的足迹。研究的内容和范围涉及城市和村落、文化景观、宗教建筑、传统民居、建筑材料与技术等与文化遗产相关的领域，完成了50篇硕士学位论文和4篇博士学位论文，填补了国内在喜马拉雅文化遗产保护研究上的空白，并将藏学研究和喜马拉雅学的研究结合起来。研究揭

示了喜马拉雅山脉不仅是我们这一星球上的世界第三极，具有地理坐标和地质学的重要意义，而且在人类的文明发展史和文化史上具有同样重要的价值。

喜马拉雅山脉东西长2 500公里，南北纵深300~400公里，西北在兴都库什山脉和喀喇昆仑山脉交界，东至南迦巴瓦峰雅鲁藏布大拐弯处。在喜马拉雅山脉的南部，位于南亚次大陆的印度主要由三个地理区域组成：北部喜马拉雅山区的高山区、中部的恒河平原以及南部的德干高原。这三个区域也就成为印度文明的大致分野，早期有许多重要的文明发迹于此。中国学者对此有着准确的描述，唐代著名学者道宣（596—667）在《释迦方志》中指出："雪山以南名为中国，坦然平正，冬夏和调，卉木常荣，流霜不降。"其中"雪山"指的便是喜马拉雅山脉，"中国"指的是"中天竺国"，即印度的母亲河恒河中游地区。

季羡林先生把古代世界文化体系分为中国、印度、希腊和伊斯兰四大文化，喜马拉雅地区汇聚了世界上

终其一生，他的研究都未离开喜马拉雅山脉和区域文化。继图齐之后，国际上对于喜马拉雅的关注，不仅仅局限于旅游、登山和摄影爱好者，研究成果也未囿于藏传佛教，这一地区的原始宗教文化艺术，包括印度教、耆那教、伊斯兰教甚至苯教都得到发掘。笔者手头上就有近几年收集的英文版喜马拉雅艺术、城市与村落、建筑与环境、民俗文化等多种书籍，其中有专家、学者更提出了"喜马拉雅学"的概念。

长期以来，沿着青藏高原和喜马拉雅旅行（借用藏民的形象语言"转山"）时，笔者产生了一个大胆的想法，将未来中印文化研究的结合点和突破口选择在喜马拉雅区域，建立"喜马拉雅学"，以拓展藏学、印度学、中亚学的研究范围和内容，用跨文化的视野来诠释历史事件、宗教文化、艺术源流，实现中印间的文化交流和互补。"喜马拉雅学"包含了众多学科和领域，如：喜马拉雅地域特征——世界第三极；喜马拉雅文化特征——多元性和原创性；喜马拉雅生态特征——多样性等等。

笔者认为喜马拉雅西部，历史上"罽宾国"（今天的克什米尔地区）的文化现象值得借鉴和研究。喜马拉雅西部地区，历史上的象雄和后来的"阿里三围"，是一个多元文化融合地区，也是西藏与希腊化的犍陀罗文化、克什米尔文化交流的窗口。罽宾国是魏晋南北朝时期对克什米尔谷地及其附近地区的称谓，在《大唐西域记》中被称为"迦湿弥罗"，位于喜马拉雅山的西部，四面高山险峻，地形如卵状。在阿育王时期佛教传入克什米尔谷地，随着西南方犍陀罗佛教的兴盛，克什米尔地区的佛教渐渐达到繁盛点。公元前1世纪时，罽宾的佛教已极为兴盛，其重要的标志是迦腻色迦（Kanishka）王在这里举行的第四次结集。4世纪初，罽宾与葱岭东部的贸易和文化交流日趋频繁，谷地的佛教中心地位愈加显著，许多罽宾高僧翻越葱岭，穿过流沙，往东土弘扬佛法。与此同时，西域和中土的沙门也前往罽宾求经学法，如龟兹国高僧佛图澄不止一次前往罽宾学习，中土则有法显、智猛、法勇、玄奘、悟空等僧人到罽宾求法。

如今中印关系改善，且两国官方与民间的经济、文化合作与交流都更加频繁，两国形成互惠互利、共同发展的朋友关系，印度对外开放旅游业，中国人去印度考察调研不再有任何政治阻碍。更可喜的是，近年我国愈加重视"丝绸之路"文化重建与跨文化交流，提出建设"新丝绸之路经济带"和"21世纪海上丝绸之路"的战略构想。"一带一路"倡议顺应了时代要求和各国加快发展的愿望，提供了一个包容性巨大的发展平台，把快速发展的中国经济同沿线国家的利益结合起来。而位于"一带一路"中的喜马拉雅地区，必将在新的发展机遇中起到中印之间的文化桥梁和经济纽带作用。

最后以一首小诗作为前言的结束：

我们为什么要去喜马拉雅？

因为山就在那里。
我们为什么要去印度？
因为那里是玄奘去过的地方，
那里有玄奘引以为荣耀的大学
——那烂陀。

行走在喜马拉雅的云水间，
不再是我们的梦想。
边走边看，边看边想；
不识雪山真面目，只缘行在此山中。

经历是人生的一种幸福，
事业成就自己的理想。
慧眼看世界，视野更加宽广。
喜马拉雅，
不再是阻隔中印文化的障碍，
她是一带一路的桥梁。

在本套丛书即将出版之际，首先感谢多年来跟随笔者不辞幸苦进入青藏高原和喜马拉雅区域做调研的本科生和研究生；感谢国家自然科学基金委的立项资助；感谢西藏自治区地方政府的支持，尤其是文物部门与我们的长期业务合作；感谢江苏省文化产业引导资金的立项资助。最后向东南大学出版社戴丽副社长和魏晓平编辑致以个人的谢意和敬意，正是她们长期的不懈坚持和精心编校使得本书能够以一个充满文化气息的新面目和跨文化的新内容出现在读者面前。

主编汪永平

2016 年 4 月 14 日形成于乌兹别克斯坦首都塔什干 Sunrise Caravan Stay 一家小旅馆庭院的树荫下，正值对撒马尔罕古城、沙赫里萨布兹古城、布哈拉、希瓦（中亚四处重要世界文化遗产）考察归来。修改于 2016 年 7 月 13 日南京家中。

Himalayan
Series of
Urban and Architectural
Culture

印度喜马偕尔邦 传统建筑
Traditional Architecture of Himachal Pradesh in India

喜
马
拉
雅

城市与建筑文化遗产丛书

导　言

印度在地形上分为三部分：北部的喜马拉雅山区、中央平原（即印度河—恒河平原）和南部的德干高原。喜马偕尔邦（Himachal Pradesh）位于印度的西北部，在喜马拉雅山南麓。由于喜马偕尔邦的山地地形、极端气候和其他自然力量，在当地形成了特有的本土的传统建筑。这些传统建筑的出现也使当地居民更加适应当地的自然环境，它们以山地为背景，形成了地区社会和文化生活的主要脉络，揭示且代表了当地居民多样的生活特性。这些传统建筑使用本地可用的建筑材料和建筑技术建造而成，在设计中对当地气候和地理条件进行了充分的考虑。由于喜马偕尔邦特殊的地形环境，城镇的形成也有其特色，对我们今天的山地地形中城镇的规划以及建筑的设计都能够有所启示。

1950 年，喜马偕尔邦被宣布是印度的联邦属地。1966 年被旁遮普邦（Punjab Pradesh）及哈里亚纳邦（Haryana Pradesh）分据，并以当时的形态保持至今。经过 1971 年的"喜马偕尔邦行动"，它成为印度的第 18 个邦（图 0-1）。

喜马偕尔邦的字面意思是"雪山地区"，有时也被称作"神的住所"。在梵文术语里，"喜马"的意思是"雪"，"阿偕尔"是"山"的意思，两者合起来即为"雪山"。"喜马偕尔邦"则为雪山之邦，又被称为"高山之州"，因为在夏天人们喜欢从印度各个地方聚集到这里避暑。喜马偕尔邦以北的边界到达查谟（Jammu）和克什米尔（Kashmir），以西的边界到达巴基斯坦（Pakistan），以南的边界到达哈里亚纳邦，东南方向边界到达北阿坎德邦（Uttarakhand Pradesh），以东的边界到达中国

图 0-1　喜马偕尔邦在印度的位置

图 0-2　喜马偕尔邦地理位置及周边

西藏阿里地区。喜马偕尔邦南面为旁遮普平原与西瓦利克山脉（Shiwalik Hills），北面为大喜马拉雅山。喜马偕尔邦水力丰富，湖泊繁多，富含森林和矿物资源，环境幽美（图 0-2）。

喜马偕尔邦面积 55 673 平方公里，人口有 685 万（2011）。如今有 12 个县级行政区（图 0-3），包括：比拉斯布尔（Bilaspur）、昌巴（Chamba）、哈密尔普尔（Hamirpur）、康格拉（Kangra）、科努尔（Kinnaur）、古卢（Kullu）、拉豪尔和斯必提（Lahaul and Spiti）、门迪（Mandi）、西姆拉（Shimla）、斯尔毛（Sirmaur）、索兰（Solan）、乌纳（Una）。

喜马偕尔邦的首府为西姆拉。蜿蜒的盘山公路将山脉与山谷相连接，使这里的

图 0-3　喜马偕尔邦行政区划

风景更加吸引人。绚烂多彩的古卢谷和康格拉谷与邻近的灰暗贫瘠的拉豪尔和斯必提山谷相衬，形成一幅美妙绝伦的画面。

　　由于喜马偕尔邦特有的山地地形、气候和景观，逐渐形成了本土特有的建筑，巧妙地解决了自然环境对人居的影响，融合了山地作为村落和建筑的背景，形成了这些地区社会和文化的多样性（图0-4）。

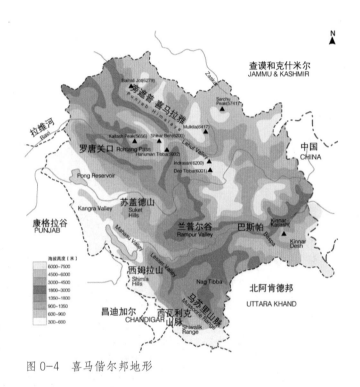

图 0-4　喜马偕尔邦地形

第一章 喜马偕尔邦自然环境和人文背景

第一节 自然环境

第二节 人文背景

第一节 自然环境

1. 地形地貌

喜马拉雅山脉，世界上最高的山脉，是东亚大陆和南亚次大陆的天然界山，也是相邻几个国家的天然国界。

喜马偕尔邦地处喜马拉雅山脉西部、印度北部，群山绵延，海拔从 450 米到 6 500 米，高度自西向东递增。地理位置是北纬 30° 22′ 40″ 到北纬 33° 12′ 40″，东经 75° 45′ 55″ 到东经 79° 04′ 20″，气候大多时候比较温和，冬季稍寒冷。地形以及天气，造就了喜马偕尔邦怡人的自然风光，使之成为印度的旅游胜地之一。按照地理和气候特征喜马偕尔邦可以分为三个区域：

（1）海拔不超过 4 000 英尺（约 1 200 米）的区域：外喜马拉雅山脉，即西瓦利克山脉，地处山脚区。西瓦利克山脉山体自西北向东南行，曼延于印度、克什米尔、尼泊尔境内，多数地区有茂密的森林。喜马拉雅山的众多河流贯穿了西瓦利克山脉，形成许多峡谷山口，成为进出山区的重要孔道和水库的坝址。它包含了喜马偕尔邦的比拉斯布尔、哈密尔普尔、康格拉、乌纳、门迪海拔较低的地区、斯尔毛和索兰等。

（2）海拔不超过 9 000 英尺（约 2 700 米）的区域：中部喜马拉雅山脉，即皮尔潘甲山脉（Pir Panjal Hills）和德哈山脉（Dhauladhar Hills），地处山腰处。皮尔潘甲山脉平均海拔高度 5 000 英尺，南部紧邻克什米尔山谷，从古尔马尔格[1]（Gulmarg）西北部一直曼延到巴尼哈尔（Banihal）[2]。这条山脉在喜马偕尔邦的主要扩张地区是在昌巴县境内，它被靠近萨特累季河（Sutlej River）河岸的大喜马拉雅山脉分隔开，并且将萨特累季河分成了杰布纳河（Chenab River）和比阿斯河（Beas River）、拉维河（Ravi River），从拉豪尔山谷地分离出了古卢山谷，著名的罗唐关口（Rohtang Pass）就位于这条山脉中。皮尔潘甲山脉的南边是德哈山脉，由于它白雪覆盖的山脊而显而易见，德哈山脉分裂出了比阿斯山谷和拉维山谷，西边分裂出杰纳布河山谷和塔威山谷（Tawi Valley），在喜马偕尔邦它主

---

1 印度查谟—克什米尔邦巴拉穆拉（Baramula）县的一个城镇。
2 印度查谟—克什米尔邦多达（Doda）县的一个城镇。

要扩张到西姆拉、古卢、昌巴、科努尔等地区的部分区域。

（3）海拔超过9 000英尺（大于2 700米）的区域：大喜马拉雅山脉，即札斯卡尔山脉（Zaskar Hills），地处高山区。札斯卡尔山脉位于主喜马拉雅山脉的北部，它将西藏与科努尔、斯必提、克什米尔、拉达克分隔开。喜马偕尔邦的最高峰，海拔7 026米的新罗峰（Shilla Peak），位于科努尔境内。在喜马偕尔邦主要包括科努尔、昌巴、古卢的部分区域及整个拉豪尔和斯必提地区（图1-1、图1-2）。

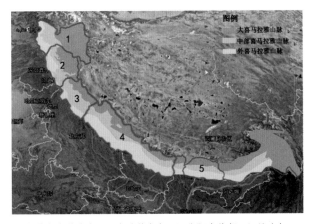

1.查谟和克什米尔；2.喜马偕尔邦；3.北阿肯德邦；4.尼泊尔；5.不丹 图1-1 喜马拉雅西部各地区海拔分区

图1-2 喜马偕尔邦海拔分布

2.气候特征

气候由各地不同的地理因素决定。喜马偕尔邦地处山区，大部分地区全年气候宜人，但是冬季也会下大雪，各地区的气候随着海拔高度的变化而变化。喜马偕尔邦旅游的最佳时间是9月到次年4月，2月中旬到4月，这里的空气微凉且清新，色彩斑斓的鲜花点缀着山谷、森林、斜坡和草地，此时是山区最宜人、最舒适的季节。

喜马偕尔邦气候一般较为温和。冬季气温在 0~15℃，夏季在 14~33℃之间[1]，气温与海拔高度密切相关。通常来说该地区一般经历三个季节，10 月到次年 2 月是冬季，3

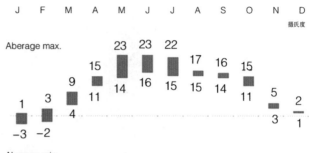

图 1-3　喜马偕尔邦全年气温

月到 6 月是夏季，7 月到 9 月是秋季。在冬季，海拔较高地区甚至会下大雪，在此期间昼夜变得非常冷。从 3 月份开始一直到 6 月，气温逐渐上升。6 月是山区一年中最热的一个月，但即使是夏天这里的气温也比较温和。入秋后，气温仍然会渐渐升高，9 月中旬开始缓慢下降，到 11 月后迅速下降。12 月中旬到次年 2 月中旬是整个喜马偕尔邦寒冷的冬季，最低气温有时会降到冰点甚至冰点以下（图 1-3）。

这里的雨季是 6 月到 9 月。6 月底，喜马偕尔邦很多地区开始下雨，整个山区呈现出鲜艳的绿色，生机勃勃。7 月和 8 月的大暴雨易造成破坏，形成洪水和山体滑坡。全年将近一半的降雨量来自于 6 月到 9 月期间，其他时期的降雨量只占全年的三分之一。在喜马偕尔邦大约 81% 的耕地面积取决于降雨量，由于灌溉设施的缺乏，降雨量决定了作物的收成，且通常是不稳定的。喜马偕尔邦的年平均降雨量是 2 909 ~ 3 800 毫米。最高降雨量是在达兰萨拉，为 3 400 毫米。斯必提是最干旱的地区，被高山包围，其年降水量低于 50 毫米。

3. 资源和环境

自然资源为乡土建筑的发展提供了物质基础，乡土建筑的发展取决于当地经济的类型、技术水平和特定的社会文化偏好，对于一个发展水平较低的地区，自然资源的利用也相对重要，在喜马偕尔邦，自然资源的可持续利用已成为当务之急。喜马偕尔邦的自然资源与它的排水、气候和地质等地形条件有直接关系，这些地形条件也影响了当地土壤的类型和矿产资源的种类。该邦经济主要为农业，农业人口有 75%，还享有"水果之乡"的美称。

1　中国地图出版社.印度地图册 [M]. 北京：中国地图出版社，2010.

喜马偕尔邦以它的壮观和宏伟的森林而著名，它们就像喜马拉雅山脉上一颗绿色的珍珠，但是如今这里的生态系统面临着现代文化、经济发展以及人口发展的压力。该邦森林面积为 37 033 平方公里，占地理区域总量的 65%，人均可用森林面积是 0.22 公顷，而印度全国的人均水平仅为 0.06 公顷。因此，喜马偕尔邦也盛产珍贵木材、树脂和松脂。根据印度的森林调查报告，喜马偕尔邦在过去几年森林覆盖面积增加了 1 859 平方公里。像喜马偕尔邦这样的一个小邦，只有印度地理区域的 1.7%，却为印度贡献了 4.5% 的森林覆盖面积。这里除了拥有 32 处国家野生动物保护区和 2 个国家公园，还是一个植物和野生动物的宝库。

根据印度的统计，1988 年，喜马偕尔邦至少 2/3 的地理面积属于森林，其余面积在永久积雪覆盖下难以接近。近年来，印度已积极开发且利用山区丰富的水力资源。但研究表明，萨特累季河、比阿斯和斯必提盆地几乎所有的 335 个冰川都在减少。

基于喜马拉雅山脉环境的脆弱和敏感，印度环境科学技术部门已经准备推行项目建议书《喜马偕尔邦环境可持续发展贷款政策》，涉及金额总计 2 亿美元，并向世界银行申请援助。喜马偕尔邦政府也已开始着手将其环境向可持续发展型转变，核心目标是到 2020 年使其成为碳中性。这个项目的重点是使环境可持续性发展，缓解环境的负面影响，并且包容其正面的多样性的发展。

4. 行政区划

如今的喜马偕尔邦共分为 12 个县：康格拉县、哈密尔普尔县、门迪县、比拉斯布尔县、乌纳县、昌巴县、拉豪尔和斯必提县、斯尔毛县、科努尔县、古卢县、索兰县、西姆拉县。

康格拉县：是喜马偕尔邦人口最多的地区，位于喜马偕尔邦西部，地势相对较为平坦，在喜马拉雅山脉山脚下。当地的冬季从 12 月中旬到次年 2 月中旬，期间温度为 0~20℃之间。夏季从 4 月到 6 月，干燥炎热，温度为 25~38℃。人口约 130 万，土著居民为康格拉人，语言为康格拉语。1846 年，康格拉成为英属印度的一个地区，属于旁遮普邦的一部分。1947 年印度独立后，旁遮普邦分属巴基斯坦与印度，康格拉当时属于印度的旁遮普邦。1966 年，康格拉归属喜马偕尔邦，经济以农业为主。

哈密尔普尔县：面积 1 118 平方公里，平均海拔高度 785 米，更接近平原。冬季气候虽然寒冷但天气还是很宜人的，羊绒大衣是必备品。夏季比较热，有时可以达到 44℃。

门迪县：面积 3 950 平方公里，这里有气候宜人的夏季和寒冷的冬季。门迪的古镇沿着比阿斯河岸，一直是一个重要的商业中心，曾经是诸侯国的首都，也是一个迅速发展的城市，镇上有很多遗留的旧宫殿和殖民时期的建筑，保留着曾经的魅力和个性。今天，它则是门迪县的中心。门迪因它的 81 个古石窟和大范围的精致雕刻而闻名，因此，通常被称为"山里的瓦拉纳西"。

比拉斯布尔县：面积 1 167 平方公里，该县以其萨特累季河上的戈文德·萨加尔人工湖（Gobind Sagar）而知名，原名卡卢尔（Kahlur），是英属印度时期的一个诸侯国。英国统治者在 1948 年 10 月 12 日将其归还印度政府，1954 年 7 月 1 日，该县成为喜马偕尔邦的比拉斯布尔县。整个地区位于喜马拉雅山脉较低的山区，四周环绕着丘陵，与旁遮普邦的南部和西部接壤。夏天炎热，冬天寒冷，雨季持续从 7 月初到 9 月中旬，最热的时候在 5 月和 6 月。

乌纳县：位于美丽的锡瓦利克山脉，面积 1 540 平方公里，每年平均降雨量 1 253 毫米。当地的语言是旁遮普语和印地语，口语主要是旁遮普语。1972 年 9 月 1 日，喜马偕尔邦政府重组当时的康格拉地区，将其分为三个区，即乌纳县、哈密尔普尔县、康格拉县。

昌巴县：面积 6 528 平方公里，该县位于喜马偕尔邦的西北地区，县的中心在昌巴镇。昌巴的历史记载从 500 年开始，较高的山脉使它处于一个较安全的区域，保护了其古老的遗迹和众多的铭文，这里的神庙已有一千多年的历史。

拉豪尔和斯必提县：面积 13 835 平方公里，海拔约为 6 500 米，位于中印边界上。这个地区的河谷与众不同，显得较为原始古朴。山地面积辽阔，岩地结构跌宕起伏却美丽壮观，白雪覆盖的山峰美得无与伦比。拉豪尔在每年的 6 月中旬至 10 月末比较适合去旅游，而斯必提则是每年的 8 月至 10 月适合旅游。

斯尔毛县：面积 2 825 平方公里，在喜马偕尔邦最东南部，主要是山区和农村，90% 的人口生活在农村。1090 年，斯尔毛在印度是一个独立王国，之后它在英属印度时期成为一个州，现属于喜马偕尔邦。

科努尔县：面积 6 401 平方公里，海拔从 2 320~6 816 米。东部紧邻西藏，位于喜马偕尔邦的东北角，距离西姆拉约 235 公里。由于海拔高，气候比较温和。冬季较漫长，从 10 月到次年 5 月。夏天较短暂，从 6 月到 9 月。海拔较低的地区会有雨季，高原地区的气候类似西藏，是干旱地区，这在中亚比较常见。

古卢县：海拔为 1 220 米，面积 5 503 平方公里。位于喜马拉雅山南坡，不管是晴天或阴霾，这里的山总是展现了壮丽的景象。这里的冬季为 12 月和 1 月，温度为 4~20℃，会有降雪。夏季从 5 月到 8 月，温度从 25℃到 37℃。由于季风，7 月和 8 月是雨季，每月大约有 15 厘米的降雨。在 10 月和 11 月的时候气候最宜人。

索兰县：面积 1 936 平方公里，每年平均降雨量 1 253 毫米。索兰在一年四季中的气候都比较宜人，附近的山脉可以提供有趣的徒步旅行。

西姆拉县：是喜马偕尔邦的首府，成立于 1972 年，海拔在 300~6 000 米，地貌较为崎岖。这里拥有大自然的恩赐，使人无限迷恋。西姆拉县独居高处，周围环绕着绿色的牧场和白雪皑皑的山峰。镇上迷人的殖民时期建筑创造的气氛明显不同于其他山中避暑胜地。最佳旅游时间为每年的 4 月到 8 月以及 12 月到次年 1 月[1]。

表 1-1　喜马偕尔邦行政区划概况

行政区划	中心城市	面积（平方公里）	人口（人）	海拔与区属（米）	主要景点
康格拉县	达兰萨拉	5 739	1 338 536	427~6 401	达拉萨拉镇、康格拉镇、帕兰波镇（Palampur）
哈密尔普尔县	哈密尔普尔	1 118	412 009	平均 785	德托·悉典神庙（Deto Sidh Temple）、纳道恩镇（Nadaun）
门迪县	门迪	3 950	900 987	平均 760	门迪古城、纳加尔镇（Nagar）、巴拉特村（Barot）
比拉斯布尔县	比拉斯布尔	1 167	340 735	平均 851	比拉斯布尔城、卡卢尔堡（Kahlur Fort）、GPG 大学
乌纳县	乌纳	1 540	447 967	平均 684	乌纳古城、津伯尼神庙（Chintpurni Temple）、迈里村（Mairi）

1 Vinod Kumar Dhumal, Priyanka Ahuja. Know Your State:Himachal Pradesh[M]. New Delhi: Arihant Publication（India）Limited, 2011.

行政区划	中心城市	面积 （平方公里）	人口（人）	海拔与区属 （米）	主要景点
昌巴县	昌巴	6 528	460 499	平均996	昌巴古城、甘地门（Gandhi Gate）、布里·辛格博物馆（Bhuri Singh Museum）
拉豪尔和斯必提县	基朗（Kyelang）	13 835	33 224	平均6 500	纪伊寺、塔波寺
斯尔毛县	纳罕	2 825	458 351	平均1 020	纳罕城、帕奥恩塔萨希布镇（paonta sahib）
科努尔县	雷孔·佩奥（Recong Peo）	6 401	83 950	2 320~6 816	雷孔·佩奥镇、占勾镇（Chango）、桑格拉谷
古卢县	古卢	5 503	379 865	平均1 220	古卢城、默纳利村（Manali）
索兰县	索兰	1 936	499 380	平均1 600	索兰城、莎尔村（Chail）
西姆拉县	西姆拉	5 131	721 745	300~6 000	西姆拉商业中心、兰布尔镇（Rampur）、萨拉罕镇（Sarahan）、汉特柯提镇（Hatkoti）
喜马偕尔邦	西姆拉	55 673	6 077 248		

第二节　人文背景

喜马偕尔邦的居民和其他地区的印度人一样，对于宗教非常虔诚，喜马拉雅山壮丽的自然景观和宏伟的自然力量使得居民对他们的自然环境超乎想象地崇拜，山里的人认为喜马拉雅山是神，一定要跟随着神。人们崇拜神灵，他们相信河道、发芽的种子、成熟的玉米都被附有不同的精神。在婚礼、葬礼、节日、收获、感恩节时他们都会屠宰动物，这也是重要的宗教仪式。

1. 社会发展沿革

世界上任何一个地方都有属于自己的历史，进化的过程会通过时间的流逝，以故事发展的形式展现在现代人的面前。喜马偕尔邦就像人间天堂，从人类开始以及文明起源便有人居住在这天堂里。和印度的其他地方一样，这里拥有有丰富灿烂的文明历史。

（1）古代历史

最早的喜马偕尔邦历史可以追溯到公元前2250年—前1750年，这里居住着属于印度河流域文明的人们。他们本来是恒河平原的原始居民，向北一直到达喜马偕尔邦，在这里他们可以生活得更加舒适。在《吠陀经》中，他们被称为达萨人[1]（Dasa）、达修人[2]（Dasyu）和尼莎达人[3]（Nishada），在后来的生活中，他们被称为那加人（Naga）、科努尔人（Kinnar）、药叉人（Yaksha），这些都是早期印度北部的部落。戈尔部落（Kol）和蒙达部落（Munda）组成了喜马偕尔邦最早的移民。第二批移民由蒙古人种组成，包括博塔部落（Bhotas）和基拉塔部落（Kiratas）。之后是在公元前1500年，第三批也是最重要的一批移民来到了喜马偕尔邦，即来自中亚的雅利安人（Aryan），这些雅利安人为喜马偕尔邦的历史和文化奠定了基础。

孔雀王朝时期（Maurya Dynasty）：公元前4世纪到公元前2世纪，孔雀王朝广阔的疆土一直延伸到如今的喜马偕尔邦，旃陀罗笈多（Chandragupta）的儿子阿育王（Ashoka），在公元前3世纪在此传播佛教并且建造了一些窣堵坡。曾经有一个窣堵坡建在古卢山谷，但现在已不复存在。玄奘在6世纪经过此地，他在《大唐西域记》中提到的屈露多国[4]即现今的古卢，书中提道："屈露多国周三千余里，山周四境。国大都城周十四五里……国中有窣堵坡，无忧王之建也，在昔如来曾至此国说法度人，遗迹斯记。"

塔卡部落（Thakur）和拉纳部落（Rana）时期：在孔雀王朝后，这片土地被塔卡部落和拉纳部落统治，他们统治的地域比较小，而且由于与周围部落之间的战争，边界经常有所变化，门迪和古卢以及周围毗邻的一些地区在很长一段时间内完全由这两个部落统治。印度史诗《摩诃婆罗多》中记载的三穴国（Trigarta），即位于现在的康格拉地区，在这个时期它是一个发展很迅速的王国，传说中有大量的财富。这个时期的古卢塔（Kuluta），即《大唐西域记》提到的屈露多国，位于现在的古卢地区，由帕尔家族（Pal）统治。

戒日王朝时期（Harsha Dynasty）：7世纪初，一个伟大的王朝戒日王朝建立了。大多数喜马偕尔邦的诸侯国和部落都承认了这个至高无上的权威。戒日王朝的首府先是丹达瑞（Thaneshwar），位于现在的哈里亚纳邦，然后移都至曲女城

1　Dasa：意为无宗教的敌人。

2　Dasyu：意为无宗教的敌人。

3　Nishada：是《摩诃婆罗多》中提到的一个部落。

4　屈露多：梵文 Kuluta 的音译。

（Kannauj），位于现在的北方邦（Uttar Pradesh）。在帝国分裂之后，政党开始叛乱。瓦尔曼家族（Varman）在很长一段时间统治了布拉玛普拉（Brahmapura），在两场跟古卢塔部落的战争中，梅鲁·瓦尔曼（Meru Varman）杀死了帕尔部落统治者，占领了古卢，扩大了他们的统治区域。

拉其普特（Rajput）时期（700—1200）：在戒日王去世后的几十年，拉其普特人入侵了印度拉贾斯坦邦和印度平原，他们内部也发生了战乱，被征服的人和他们的追随者搬到了山区，仅有较少的统治地域和政权，这些地区有康格拉、门迪、比拉斯布尔、斯尔毛。期间，哈里哈·昌德家族（Harihar Chand）约于900年占领了比拉斯布尔，这使比拉斯布尔成为一个强大而繁荣的地区。来自康格拉的拜杰纳特（Baijnath）地区的基拉部落（Kira），在800年占领了布拉玛普拉，但是之后又被瓦尔曼家族夺回，930年改首府为昌巴。

（2）中世纪历史

在这个时期又有很多新的地区加入，比如居莱尔（Guler）、西巴（Siba）、达塔尔坡（Datarpur）、柯提（Koti）等。昌巴、古卢、康格拉、门迪这些比较大的地区被分割成了很多小的诸侯国。这个时期的印度卷起了殖民的浪潮，卷入这个浪潮的有中亚、西亚和欧洲国家。不幸的是，喜马偕尔邦成为它们中大多数国家的入口。巴基斯坦、洛迪王朝（Lodi Dynasty）、莫卧儿王朝（Mughal Dynasty）、英国、荷兰、葡萄牙在印度这块广阔的土地上都留下了很大的影响。庆幸的是，由于喜马偕尔邦艰难的地形和恶劣的气候，德里苏丹国（Delhi Sultanate）和莫卧儿帝国从未在这片土地上建立过权威。

外国侵略时期（1000—1400）：这个时期标志着外国侵略的开始。1009年，伽色尼王朝（Ghaznavid Dynasty）国王马赫穆德（Mahmud）将康格拉堡洗劫一空，随着之后的几次袭击，马赫穆德在1337年占领了康格拉堡。12世纪时，阿斋·昌德（Ajai Chand）建立了印多尔帝国（Hindur），统治了现在的比拉斯布尔和索兰区域。1030—1080年，拉豪尔、斯必提和古卢区域被西藏的古格王朝所统治。巴乎·森（Bahu Sen）统治了古卢，他的家族在这里统治了11代，这也是森家族（Sen）在门迪统治的开端，之后阿加巴·森（Ajbar Sen）成为门迪国的第一个国王。

莫卧儿王朝的统治：16世纪早期，莫卧儿王朝对喜马偕尔邦的影响先是在昌巴和康格拉地区。不幸的是，在他们自己的内部对这块地方就有很大的争端。期间，统治门迪的森家族变得越来越强大，门迪国的范围也变得越来越大。阿加巴·森（1527—1534）是门迪国至高无上的统治者，但是在17世纪中期，古卢军队横扫了门迪。拉达克（Ladakh）当时统治着斯必提地区，斯必提在16世纪才独立出来。但只有一小段时间，之后又被拉达克的统治者夺回。同时，昌巴在1559年与古卢发生战争，最后昌巴取胜。但是在对努尔普尔（Nurpur）的战争中失败了，因为努尔普尔有莫卧儿王朝的支持。所以努尔普尔的统治者贾加特·辛格（Jagat Singh）统治了昌巴，一直到1641年。此后，普里特维·辛格（Prithvi Singh）宣布了昌巴的独立，因为这是他的故乡。多亏了普里特维，莫卧儿王朝并未插手昌巴。莫卧儿王朝最后于1620年闯入康格拉堡，贾汉吉尔（Jahangir）[1]在两年之后参观了那里，之后再也没干扰过这些山区地域。古卢在1680年侵略了斯必提，当时斯必提在拉达克的统治之下。没有受战争的影响，斯必提的人民对毗邻的拉达克、古卢等地区仍然很友好，对于斯必提的人民来说，只要遇到战争，就躲到附近的山上。查谟在17世纪也发动了侵略，阿黛·辛格（Udai Singh）是第一个想要侵略康格拉和昌巴山区的查谟国王，但是在当时，戈文德·辛格（Govind Singh）领导下的锡克教（Sikhism）教徒日渐崛起，他们居住在帕奥恩塔萨希布（Paonta Sahib），斯尔毛的统治者邀请他们一起对抗莫卧儿王朝。

英国尼泊尔战争和英国锡克教战争：廓尔喀族（Gorkha）在18世纪是尼泊尔当地一个很有影响力的部落，他们巩固了自己的军事力量并且开始扩大他们的疆域。渐渐地，他们占领了斯尔毛和西姆拉山区，在艾玛尔·辛格·塔帕（Amar Singh Thapa）的领导下，围攻了康格拉，力图夺取康格拉的统治权，但是没能成功。这场战争失败后，廓尔喀族开始向南扩大他们的疆域，这导致了英国尼泊尔战争。在被英国人从山区萨特累季河东部驱逐之后，他们沿着塔莱（Tarai）地区[2]不断与英国人发生冲突。英国尼泊尔战争使得英国人控制的边界地区以及旁遮普地区变得非常敏感，锡克教和英国人都想避免直接的冲突，但是在兰吉特·辛格（Ranjit Singh）去世后，卡尔萨军队（Khalsa Army）发动了多次与英国军队之间的战争。1845年，锡克教通过萨特累季河对英国人统治的区域发动了侵略，在这一次战争之后，英国人在山区失去了部分控制的区域。

---

1 Jahangir：莫卧儿王朝的第四代皇帝。
2 尼泊尔的一个地区，有大量沼泽和草原，在喜马拉雅山脉南麓。

（3）1857年起义

第一次印度的独立战争是因为印度人对英国在印度建立起的政治、社会、经济、宗教存在着很大的不满，但是山区的人民尽量远离冲突，甚至一些人在这场战争中还倾向于帮助英国人，包括昌巴、比拉斯布尔的统治者。

（4）1858年到1914年的英国统治

维多利亚女王在1858年宣布了对山区部分地区的主权，在这段时间内，昌巴、门迪、比拉斯布尔以迅猛的速度在发展。这期间，山区的城镇发展大多受到了英国的影响，城市内出现大量的英式建筑。

（5）1914年到1947年的独立战争

期间，山区的人民致力于独立战争，即使在英国的直接统治下，普拉贾·曼达尔（Praja Mandal）掀起了反抗英国的浪潮。在山区其他的诸侯国内，人民开始反抗社会和政治的改革，而更直接反抗的是统治者，他们共同推动了独立运动。门迪的阴谋集团共谋，准备刺杀门迪和苏凯特（Suket）地区的统治者，但是这个阴谋集团很快被抓并且被送进了监狱。帕甲霍察（Pajhota）在斯尔毛地区掀起了反抗的浪潮，这被看做是1942年退出印度运动的延伸。国大党在山区的自由运动相当活跃，特别是在康格拉地区。

（6）独立后期

喜马偕尔邦于1948年4月15日成立，比拉斯布尔在1954年合并到喜马偕尔邦，1956年11月1日，喜马偕尔邦成为印度的联邦属地。1966年11月1日，康格拉和大部分旁遮普山区都规划给了喜马偕尔邦。1971年1月25日，喜马偕尔邦成为印度的第18个邦。

表1-2　喜马偕尔邦大事年表

年代	喜马偕尔邦大事年表	印度王朝
前2500—前1500年	印度河流域文明；戈尔部落和蒙达部落迁入；博塔部落和基拉塔部落迁入	哈拉帕（印度河谷）文化时期
前1500—前700年	雅利安人迁入；印度教起源	吠陀时期
前700—前400年		恒河流域列国
前324—前188年	孔雀王朝；佛教传播，出现窣堵坡	孔雀王朝
前150—300年		贵霜王朝
320—500年		笈多王朝

年代	喜马偕尔邦大事年表	印度王朝
606—647 年	玄奘访问该地；戒日王朝时期；瓦尔曼家族统治了主要区域	戒日王朝
700—1200 年	拉其普特人入侵，统治了大部分地区	阿拉伯人入侵
1206—1526 年	马赫穆德占领了康格拉地区；阿斋·昌德统治了比拉斯布尔等地区；古格王朝统治了拉豪尔、斯必提和古卢区域；森家族统治了门迪	德里苏丹王朝
1526—1757 年	该地区内战不断，但强大的莫卧儿帝国从未建立权威；拉达克统治着斯必提地区	莫卧儿王朝
1658—1707 年		奥朗则布统治
1757—1947 年	1839—1848 年锡克战争；1848—1856 年达尔豪西成为总督；1857 印度兵变爆发，但山区人民并没有就此觉悟；1858—1914 年英国统治此地，西姆拉成为"英属夏都"；1914—1947 年印度独立战争，山区人民也加入要求独立运动	英国统治，印度于1947 年独立
1948 年	成立喜马偕尔邦	
1954 年	比拉斯布尔合到喜马偕尔邦	
1956 年	成为印度联邦属地	
1966 年	康格拉地区和大部分旁遮普山区规划给喜马偕尔邦	
1971 年	成为印度的第 18 个邦，并以当时的形态保持至今	

2.政府部门

喜马偕尔邦的政府，即喜马偕尔邦州政府[1]，是印度喜马偕尔邦以及属于它的12 个县的最高统治权威，包括立法机关、行政部门和司法部门。

和印度的其他邦一样，喜马偕尔邦的首领是州长，由印度总统建议中央政府来任命。州长的权力只是象征性的，政府的首脑是总理，总理的行政权力最大。西姆拉是喜马偕尔邦的首府，喜马偕尔邦的议会和秘书处都在此地。高级法院也位于西姆拉，拥有整个喜马偕尔邦的司法权。如同印度其他的邦和联邦属地，喜马偕尔邦的政治特征是议会民主制，立法机关是邦立法机关。邦的议会院有 68 位成员，任期为五年。喜马偕尔邦的议会秘书处，除了在议会时能提供秘书服务，帮助议会的成员履行职能，还需要照顾到议会成员和前成员的福利问题。

1　（State）Government of Himachal Pradesh.

3. 宗教信仰

喜马偕尔邦的大部分人口是印度教教徒，占总人口数的95.45%，在印度各邦中比例最高，大多分布于喜马偕尔邦北部平原，以康格拉地区居多，门迪和西姆拉紧随其后，科努尔的印度教人口最少。伊斯兰教属于喜马偕尔邦的第二大宗教，穆斯林占该邦总人口数的1.94%，集中于昌巴县，其次是斯尔毛和康格拉，科努尔的穆斯林人口则是该邦最少的。喜马偕尔邦的佛教教徒很少，只占总人口的1.25%，大多居住于与中国接壤的边境地区，即拉豪尔和斯必提，两地地处高原，人口在邦中最少。锡克教教徒集中于科努尔和古卢两地，占总人口的1.21%，在康格拉、西姆拉、门迪和斯尔毛地区都有部分锡克教徒。基督教徒占总人口的0.12%，其他宗教的教徒更少，只占总人口的0.03%。

8世纪初，佛教在喜马偕尔邦开始传播，十几个世纪以来，在拉豪尔、斯必提和科努尔地区，佛教已经根深蒂固。达兰萨拉成为藏传佛教的发源地，这与8世纪班玛托创匝[1]（Guru Padmasambhava），被称为莲花生大士或者第二佛陀的传教活动有关。1959年，十四世达赖喇嘛丹增·仓央嘉措（Tanzin Gyatso）逐步走上分裂国家道路，叛逃于达兰萨拉，由此开始其流亡之路。

锡克教只在喜马偕尔邦的小部分地方存在，斯尔毛的帕奥恩塔萨希布和古卢的曼尼卡兰（Manikaran）是主要的朝圣之地。锡克教教徒在喜马偕尔邦的历史上发挥了重要作用。戈文德·辛格，锡克教的十大创始人之一，在这片土地上开始了他的传教生涯。乌纳地区集中了锡克教的主要人口，索兰和斯尔毛紧随其后，科努尔和哈密尔普尔只有很少量的锡克教人。

喜马偕尔邦也有几座著名的基督教教堂，喜马偕尔邦的基督教来自于英国统治时期，其中西姆拉的教堂很有名。康格拉地区基督教教徒最多，西姆拉和昌巴紧随其后，比拉斯布尔的基督教教徒则最少[2]。

4. 民风民俗

民风民俗作为个体的习性和个性的表达，反映了一个地区真实的道德意识，民风民俗在一个国家或者部落中也是民众自愿的行为规范。喜马偕尔邦人民的特

---

1 即莲花生大士，从印度北部喜马偕尔邦的错贝玛莲花湖去了西藏传播佛教。
2 Mian Goverdhan Singh. Himachal Pradesh: History, Culture, Economy[M].Shimla: Minerva Publishers & Distributors, 1985.

点是相对固执和保守，这源于山区与外界平原联系的缺乏。缺少交流，远离了外界思想观念的渗透，使得他们的行为和思想相对来说比较古老和传统。在此列举喜马偕尔邦居民生活中的两个方面进行详细阐述。

（1）出生

婴儿的出生在喜马偕尔邦具有一个相当古怪的地方特色，丈夫在他的妻子怀孕期间绝不能亲手杀死任何生物，但可以吃肉。孕妇不能去着火的地方或者有河流的地方，也不能见到死人。孕妇的鼻环、手镯和头上的一些饰品不能用来熔化再改造成其他装饰品，孕妇也被禁止看日食或者月食。

孩子出生时，产妇会被安置在房屋的较低层，这是为了让她更好地御寒。没有专业的助产士，而是几个经验丰富的乡村妇女帮助接生。这些女人可以是任何种姓，包括婆婆和家里的其他女人。孕妇生产之后要立即吃甜粥，即酥油、粗糖以及牛奶的混合物，用来增强产后的虚弱体质，喝酒也是被允许的。每天产妇都需要用牛尿和水来给自己和孩子洗澡，持续30天。

在男孩出生的当天，家人会向亲朋好友分发方糖和干燥的谷物来庆祝自己孩子的出生，亲朋好友用一个包着草皮叶子的卢比来祝贺男孩的父亲。父亲用这个草皮叶包着两倍的卢比返还。按照惯例刚生产的产妇是不洁的，生产后十天内没有人会接受她手中的食物或者饮料，但低种姓的人除外。家庭所有成员被禁止进入做礼拜的地方。在孩子出生后的第十天，要清洗母亲所有的衣服，还要将屋子打扫干净，并在屋子里所有的衣服上洒上混合了酥糖、牛尿和牛奶的液体，让所有人都喝一口，包括孩子的母亲，这意味着她的净化。在此之后，母亲和新生儿可以进入家里的客厅，在那里接待被邀请的朋友和亲戚。在这一天教士开始为新生儿占卜，此后，一个月内婴儿便不再被带出来。在中产阶级和上流社会，小孩出生后的第三、第五和第七年，要对小孩进行隆重的理发，这是很重要的宗教仪式。在山区，按照惯例，这个仪式会在女神神殿或湿婆庙里举行，剪下的头发会被放置在一块布中，同时包裹着一些牛粪、牛奶和两个硬币，然后存入神庙或放入圣河中，这是希望孩子能够得到神的祝福。

（2）婚姻

在喜马偕尔邦，妻子不仅是一个男人的另一半，同时也是一种生命力的化身。特别是在一些宗教仪式的场合，如结婚或朝圣，妻子都占据了最重要的位置。一夫多妻制在这里是被嘲笑的。在喜马偕尔邦众所周知的一句话是："没有女人，一切都处于黑暗中。"

订婚是结婚前的一个仪式，这个仪式通常由适婚男孩的父亲或者哥哥来完成。但在印度其他平原地区却是相反的，这一步骤需要女孩的亲属来完成。在平原上，它指的是女孩的家庭必须送一份"嫁妆"给家庭的男孩，但是这里的风俗是相反的，男孩的父亲需要给女孩家庭一份"彩礼"。

如果订婚仪式已经完成，几乎是不可能取消的，如果一方违背，他必须向另外一方支付订婚仪式中所有的费用。只有当一方精神出现问题或者得了麻风病等一些不可治愈的疾病，这个婚礼才会被取消。山上的婚姻规则不如平原地区的明确或严格，但有一些情况还是被禁止的。高种姓的人一定要与他们种姓之内的人结婚，但不能是自己的亲戚。他们不能娶一个与父亲在七代之内有亲戚关系的女孩，有些地方甚至将十二代之内作为限制条件。

当地规定，女孩在 15 岁之前是不可以结婚的，男孩是 18 岁。以前男女双方在选择他们的婚姻时是没有权利的，但现代有所改变，一些年轻人开始维护他们自己选择配偶的权利[1]。

5. 传统艺术

很多研究喜马拉雅艺术的学者认为喜马偕尔邦一些偏远的在地理上难以到达的地方的艺术特征已经偏离了印度艺术的主流，这是因为印度其他地方的艺术和文化的影响到达得比较晚，所以受到外界的影响比较小。但是大量的艺术和考古的事实告诉我们这个观点是错误的。有足够的文字记载和考古证据说明了在雅利安人入侵后的几个世纪里，许多大大小小的先后在北印度平原上兴盛和衰弱的王朝对喜马拉雅地区的艺术都有过影响。孔雀王朝对佛教进行了推动，在印度西北地区的贵霜王朝（Kushan Dynasty）出现了第一个佛陀的形象，强大的笈多王朝（Gupta Dynasty）成为佛教艺术和印度教艺术发展的全盛时期，后笈多王朝（Post Gupta Dynasty，530—770）以及之后的印度西北地区的波罗王朝（Pala Dynasty，770—942）都曾在此设立过艺术学校。

---

1 Mian Goverdhan Singh. Himachal Pradesh: History, Culture, Economy[M].Shimla: Minerva Publishers & Distributors, 1985.

　　喜马偕尔邦的传统艺术以建筑、雕刻、雕塑和绘画等形式保留了下来。很大程度上都是宗教艺术，主要是印度教和佛教，喜马拉雅地区的宗教和艺术与印度的北部和中部存在相似之处，但是也是独立开来的，地理上的特殊性让这个地区变得神秘而又丰富多彩。印度教的艺术，从印度河流域文明起源一直到今天，以绘画、雕刻、雕塑的形式创造了很多印度教众神的形象。佛教在喜马偕尔邦的传播主要与阿育王有关，但当时所建造的窣堵坡现已不复存在。现在在喜马偕尔的佛陀图像一定会包含莲花生大士（Podma Sambhara）的形象，这与7世纪莲花生大士在喜马拉雅地区的传教有关。在那个时期，佛教和印度教的艺术形式还没有明显的区分，莲花生大士成为一个时代精神的标志[1]。佛教对喜马偕尔邦的影响主要在高山区，包括拉豪尔和斯必提两个地区，这两个地区生存条件相当艰难，所以需要有更多的神来保护。一开始，人们仅仅以一根竖直向上的长棍插在以石头围成的一个圆形地块的中间来供奉这些神。这个形式是最简单的林迦（Linga）崇拜，即是对湿婆（Shiva）的崇拜，也代表着自然界高耸的山峰。以石头作为崇拜的例子最早可以追溯到摩亨佐达罗时期（Mohenjodaro）（前2600—前1800）。也有很多对土地神的崇拜，这主要是受藏传佛教的影响。在喜马偕尔邦斯必提的纪伊寺（Key Monastery）可以看到对土地神崇拜的雕像：一个金色的燃烧着的三叉戟立在一个头盖骨上，这是一个充满想象的形象（图1-4）。在拉豪尔地区，现存最古老的神庙是建于8世纪的古鲁汉特神庙（Gurughantal Temple）。在神庙中，有一个大理石头像雕塑，则是结

图1-4　金色燃烧的三叉戟

---

1 Madanjeet. Himalaya Art[M]. New York: Graphic Socoety.1968.

合了印度教和佛教的崇拜,据说这是莲花生大士本人所供奉的佛陀形象(图1-5)。

　　在外喜马拉雅山脉地区,即西瓦利克山脉,主要包含康格拉、昌巴、门迪、古卢等。这些地区早期的建筑遗迹多是木制,易腐坏,难以保存,很多已经不存在了。但是在奥都巴拉斯(2—3世纪)的硬币上可以看到一些早期的栏杆,和早期佛教窣堵坡周围的相似,但硬币上的栏杆围绕着圣树或者早期的圣殿,也会有女神、蛇等喜马拉雅地区传统的艺术形象。这些地区的历史遗迹包括笈多王朝时的立方体型的圣殿和中世纪的塔式神庙。喜马偕尔邦不同风格的神庙建筑明确区分出了不同时代的宗教信仰,中世纪时期很多神庙建成,雕刻艺术也达到了一个全盛时期,错综复杂的雕刻用于舞蹈面具上、神庙中(图1-6)。

　　不仅仅是它的庙宇和雕塑,喜马偕尔邦的绘画艺术也很出名。从17世纪到19世纪,山区的王公诸侯们很提倡艺术家的活动,艺术家用大量的颜色画细密画,或者用来装饰宫殿的门和墙壁的壁画,在这个地区将近35个绘画中心蓬勃发展。一些众所周知的中心在昌巴、康格拉、门迪、古卢等地。所有这些绘画中心都与世界著名的帕哈里(Pahari)画派有关。这些画的主题是宗教、社会和爱情。宗教主题来自于《罗摩衍那》(Ramayana)和《摩诃婆罗多》(Mahabharata)、《往世书》(Purana)。这些画让我们看到了山区人民的社会生活,同时也描绘了山区王公诸侯各种各样的宫廷生活。帕哈里画派的主要特点是线条精美、色彩辉煌、

图1-5　古鲁汉特神庙中的大理　　图1-6　湿婆、帕瓦尔蒂以及神牛南迪的形象,昌巴,
　　　　石头像雕塑　　　　　　　　　　　　5世纪

装饰细节精细，以柔和的富有韵律的风格表达出中心主题。康格拉画派是帕哈里画派中的一支佼佼者，从18世纪末起一直盛行，持续了大约半个多世纪。其作品大多取材于《薄伽梵往世书》（Bhagavata Purana）、《牧童歌》（Gita Govinda）中的题材。作品中充分展现着自然风光，别具风格，如抒情诗般醇厚甜美，线条勾描纤细精美，色彩细致动人，人物与自然美景相融合，让人耳目一新。

小结

喜马偕尔邦在印度的西北部，位于喜马拉雅山的西侧，是多山的地形，该邦全年气候宜人，气候随着各地区高度的变化而变化，到喜马偕尔邦旅游的最佳时间是从9月到次年4月。其首府为西姆拉，是著名的避暑胜地和旅游城市，夏季凉爽，6月平均气温为20℃，降水丰沛，年降水量1 550毫米。林木葱郁，景色秀丽。该邦经济以农业和旅游业为主，盛产水果。根据地形该邦可以分为三个大区：外喜马拉雅山区、中部喜马拉雅山区以及大喜马拉雅山区。由于其地形以及自然环境的特殊性，交通比较落后闭塞，造就了该邦独特的民风民俗和历史背景。

在印度历史的发展中，由于喜马拉雅山这个自然的屏障，喜马偕尔邦的发展相对独立，但也被众多王朝所影响。外喜马拉雅山区和中部喜马拉雅山区的宗教以印度教为主，偏向于对湿婆和毗湿奴（Vishnu）的崇拜，而大喜马拉雅山区的宗教则是以佛教为主，由于地理位置的原因受藏传佛教的影响较大。该邦的艺术也是围绕宗教艺术而展开的，主要有建筑、雕刻、雕塑和绘画等形式。邦内不仅有众多具有地方特色的印度教神庙和佛教寺庙，还有很多绘画中心，尤其是康格拉派细密画，在细密画的发展史上有一定的贡献和地位。

第二章 喜马偕尔邦传统聚落

聚落是人类聚居并且生活的场所，"聚落"一词在古代指村落，但在近代泛指一切居民点，可以是村镇、集镇、城镇。喜马偕尔邦的传统聚落主要包括山地城镇和村落。

第一节　城镇发展概况

城镇泛指城市和集镇，集镇的规模介于乡村与城市之间，是一个过渡型居民点。山地城镇数量众多，范围广泛，是喜马偕尔邦人口居住的重要载体，也是一种特殊的城市类型。

由于喜马偕尔邦特殊的地理环境，这里的山地城镇在地形上具有其特殊性。在这些城镇的形成过程中面临的挑战是不可避免的，传统的建筑形式也面临着大量的改变，对于喜马偕尔邦一些山地城镇的研究可以帮助我们在处理新型山地城市时提供更多的思路。喜马偕尔邦山地城镇的形成大多与都城或贸易活动有关，所以这些城镇都保存着相当一部分较为完整的历史性建筑。

在喜马偕尔邦一共有 31 个人口超过 5 000 人的城镇，其首府西姆拉有 15 万人口，是喜马偕尔邦最大的城市，城镇化在喜马拉雅山脉地区是显而易见的。从对喜马偕尔邦的地形研究中可以发现，喜马偕尔邦的城镇都沿着河谷或山谷展开，在喜马偕尔邦有几个著名的山谷和河谷。

（1）巴斯帕谷（Baspa Valley）：巴斯帕谷是一个河谷，因巴斯帕河而得名。巴斯帕河是萨特累季河的一条支流，位于喜马偕尔邦科努尔地区。桑格拉（Sangla）是谷地内的主要城镇，所以也俗称谷地为桑格拉谷。

（2）昌巴谷：昌巴谷位于拉维河的南岸，海拔996米，距离达尔豪西56公里。昌巴谷以它壮丽宏伟的风景而著名，临界于西瓦利克山脉以及另外三条白雪皑皑的山脉——德哈山脉、皮尔潘甲山脉以及中部喜马拉雅山脉。昌巴镇是这个河谷中最主要的城镇，发展较为繁荣，并以它的神庙以及优雅而细腻的手工艺品而闻名。

（3）古卢谷：古卢谷是喜马偕尔邦古卢县最大的山谷，比阿斯河贯穿于山谷之间。它也被称为"神之山谷"，与拉豪尔和斯必提山谷相连接。山谷中有一条长80公里、宽约2公里的自北向南流的河流。这里著名的城镇主要是古卢和门迪，古卢闻名于精巧编织的五颜六色的手工披肩和古卢帽子。

（4）康格拉谷：康格拉谷位于喜马偕尔邦的康格拉，是一个很受游客欢迎的地方。康格拉谷里充满着无数条常年流动的溪流，灌溉着山谷，其中拉维河是主要的河流。其平均海拔为 609 米（2 000 英尺），德哈山脉的最高峰就位于康格拉谷和昌巴谷之间。这个山谷的主要城镇是喜马偕尔邦的达兰萨拉和康格拉。在冬天，康格拉谷的自然美景非常吸引游客，纯净的白雪绽放着它们的魅力。这里的植物多种多样，在海拔比较高的地方有橡树和喜马拉雅雪松。康格拉地区的绘画学校和传统神庙建筑是当地独特的文化传统。

（5）拉豪尔和斯必提谷：拉豪尔和斯必提谷位于拉豪尔和斯必提县，两个山谷的特性有很大的不同。拉豪尔山谷平均海拔 2 745 米，夏天凉爽宜人，到处是绿草和花朵，印度教和佛教的人口众多，因此这里有大量的神庙。斯必提谷更加贫瘠以及难以跨越，谷底的平均海拔为 4 270 米（14 009 英尺），谷内封闭，东南部与萨特累季河相接，是一个典型的高山沙漠区，平均年降水量只有 170 毫米（6.7 英寸），这里的人口主要信仰佛教（图 2-1）。

在山区中人们居住的地方一般都选择地势较高的台地，较低的山谷用来耕种，山谷是取水和耕种的宝贵资源。在喜马偕尔邦，近 70% 较大的城镇临近山谷。英国殖民的城市则建在较高的山顶或山脊上，但这种营建下有其特定的模式，选择的山脊相对较为平坦，周围还环绕着缓坡。这种地势是最适合居住的，也比较适合多变的建筑形式。从概念上来讲，在山脊上的居住模式也阐述了群体怎样处理自然条件来适应自己的居住情况，才能得到安全

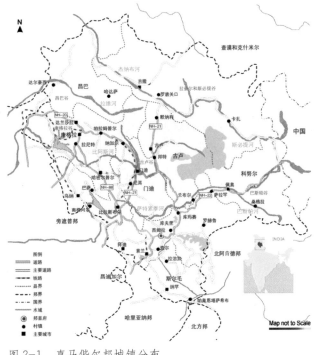

图 2-1　喜马偕尔邦城镇分布

和可持续发展的生存环境。对自然条件的尊重是影响未来居住形式的一个重要因素，人们选择的居住点也是避免山洪暴发和山体滑坡的有利地点。山脊下布置了人造的种植场地，有较为丰富的植被，这些植被地带作为居住区和耕种区的缓冲区域存在，可以减弱风力对居住区的影响（图2-2）。

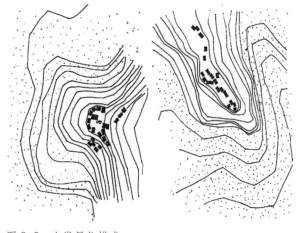

图 2-2　山脊居住模式

第二节　城镇类型

　　传统的喜马偕尔邦城镇都具有一定的凝聚力，并且有着明确的边界（地理方面或者其他方面），有特定的统治者管理着这个地区。在中世纪时期，城镇中的居民所拥有的权利是维护一个城镇的核心，城镇也是各地区之间贸易往来和知识交流的场所。各种居住点之间的功能都是有区别的，比如城镇都有其特定的空间形态和建筑，往往是权力中心和贸易中心，不仅在规模上需要达到一定的程度，而且在经济、政治、社交方面都发挥着相当重要的作用。理想化的城镇需要有大量的粮食剩余，从而可以组织一系列其他的非农业活动。

　　纵观喜马偕尔邦各个地区，它的城镇历史具有普遍性。这些普遍性不是基于城镇的规模或者如今的经济情况，而是基于形成这些城镇的文化历史，它们经历了创新的实践、复杂的社交活动，并且拥有城镇所必需的一些机构。喜马偕尔邦一些发展较快的城镇都有其独特的历史核心因素，比如政治经济、宗教系统和社会组织等，这是影响这些城市发展的关键。下文将喜马偕尔邦的城镇（表2-1）分为几种不同的类型。

表 2-1　喜马偕尔邦的城镇概况

序号	城镇	所属县	所属山(河)谷(区)	属性	海拔(米)
1	西姆拉	西姆拉县	西姆拉山区	行政城镇	2 397
2	查尔	西姆拉县	西姆拉山区	旅游城镇	2 250
3	罗赫鲁（Rohru）	西姆拉县	西姆拉山区	贸易城镇	1 525
4	库夫里（Kufri）	西姆拉县	萨特累季河谷	旅游城镇	2 743
5	库玛赛（Kumarsain）	西姆拉县	萨特累季河谷	贸易城镇	2 300
6	兰布尔（Rampur）	西姆拉县	萨特累季河谷	旅游城镇	1 350
7	萨拉罕（Sarahan）	西姆拉县	萨特累季河谷	旅游城镇	2 313
8	雷孔·佩奥（Recong Peo）	科努尔县	萨特累季河谷	行政城镇	2 290
9	索兰	索兰县	索兰山区	贸易城镇	1 600
10	拜迪（Baddi）	索兰县	索兰山区	贸易城镇	1 400
11	纳罕（Nahan）	斯尔毛县	斯尔毛山区	旅游城镇	932
12	拉治加（Rajgarh）	斯尔毛县	斯尔毛山区	旅游城镇	1 555
13	帕奥恩塔萨希布（Paonta Sahib）	斯尔毛县	斯尔毛山区	宗教城镇（锡克教）	389
14	桑格拉（Sungla）	科努尔县	巴斯帕谷地	旅游城镇	3 220
15	比拉斯布尔	比拉斯布尔县	萨特累季河谷	行政城镇	673
16	南格阿尔（Nangal）	乌纳县	旁遮普山区	旅游城镇	454
17	乌纳	乌纳县	旁遮普山区	行政城镇	369
18	巴萨（Barsar）	哈密尔普尔县	旁遮普山区	旅游城镇	814
19	尼洱·乔克（Ner Chowk）	门迪县	古卢谷地	旅游城镇	1 660
20	门迪	门迪县	古卢谷地	贸易城镇	1 044
21	那加尔（Nagar）	古卢县	古卢谷地	旅游城镇	1 545
22	邦特（Bhunter）	古卢县	古卢谷地	旅游城镇	1 128
23	古卢	古卢县	古卢谷地	行政城镇	1 275
24	默纳利	古卢县	古卢谷地	旅游城镇	1 913
25	康格拉	康格拉县	康格拉谷地	行政城镇	733
26	达兰萨拉	康格拉县	康格拉谷地	宗教城镇	2 093
27	昌巴	昌巴县	昌巴谷地	贸易城镇	996
28	达尔豪西	昌巴县	昌巴谷地	旅游城镇	1 831
29	哈达萨（Hadsar）	昌巴县	昌巴谷地	旅游城镇	2 044
30	基朗	拉豪尔和斯必提县	拉豪尔和斯必提谷	行政城镇	3 274
31	卡扎（Kaza）	拉豪尔和斯必提县	拉豪尔和斯必提谷	宗教城镇	3 679

1. 贸易城镇

　　除了选址的特殊性，这里的许多城镇还有与之功能相关的特性，即通过山区里的贸易路线增加了区域与外部的联系。喜马偕尔邦大多数主要的城镇都沿着重要的路线或者沿着河流建设，这是一个很明显的城镇空间形态上的特征。从历史意义上来看，沿河城镇的发展可以得到大量的产品剩余从而汇集成一条贸易线，但坐落于山中的居住区没有平原中的城镇那种可以集中大量剩余粮食的能力。所以在喜马偕尔邦的山区中分散布置着一些粮仓，房屋聚集处的粮仓可以说是这个论点很有力的证明。因为喜马偕尔邦的很多地区不能够生产出足够的生活用品或粮食来自给自足，所以需要通过和其他地区的贸易往来来增加收入，以使各个地区的发展形成互补。此外，喜马偕尔邦被看做一个农产品相对发达的地区，这也是这些地区的主要贸易手段。喜马偕尔邦与青藏高原在经济上的区别在于这里的贸易是沿着喜马拉雅山脉展开的，这些贸易线路在喜马偕尔邦及它的城市中占有非常特殊的地位，在地理上的相对独立，因而成为该地区与外界联系的关键手段。

山区中的城市通常都会有一条通往贸易线路的道路，这也是它们跟外界交流的一个印迹。在过去，每个城镇都有一个开放地，作为贸易者和他们的牲畜的憩息地，现在则是停车场（图2-3）。这些贸易市场和城镇中其他的贸易市场有很大区别，它们并没有专门化，而是聚集了众多地区的各种商品，有中国西藏的食物、印度南部地区的马沙拉（一种香料）、印度平原地区的DVD机等。这些市场给人一种随意的、散漫的感觉，是一个聚集了各地商品的非正式贸易场所，它们也是这个地区与外部世界贸易往来的明显标志。贸易还给这些地区带来了外地的居住者以及跨种族的婚姻，使这些城市的社会越来越多样化（图2-4）。

图2-3　昌巴镇开放地

门迪和昌巴是两个典型的贸易城镇，都有很明显的贸易市场，贸易市场和行政中心就居于市中心位置（图2-5）。在城镇化的进程中一些外种族的居住者也会加入，标志出城镇的多样性。门迪是这种多样化城镇的一个典型，城镇中各种族的居民对商品有着多样化的需求。这些市场的最初目的是建立一条特殊的流线，完成从山谷中的商品到贸易线路或者反向的流动。这种类型的城镇遍布于喜马偕尔邦，它们的规模和形态各不相同，且中心地带都有一个贸易开放场地（图2-6）。

昌巴是喜马偕尔邦著名的历史悠久的城镇，传统的贸易路线加快了昌巴城镇化的进程，是昌巴谷最大的城镇。虽然历史记载中的昌巴是从公元前2世纪被克里安部落（Kolian）统治开始，但真

图2-4　昌巴市场

图2-5　门迪镇鸟瞰图

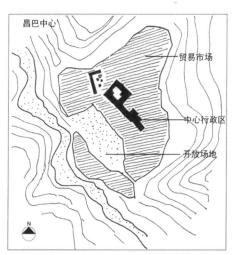
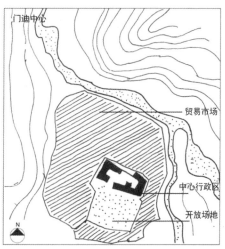

图2-6　昌巴镇与门迪镇城市中心行政区与市场所处位置

正意义上的开端应该从 500 年梅鲁王朝（Meru Dynasty）对昌巴的统治开始，当时的都城为布拉玛（Brahma），距离昌巴镇有 75 公里。在 920 年，拉贾·萨希尔·瓦尔曼（Raja Sahil Varman）将都城转移到较低的拉维谷旁，并以女儿昌巴瓦蒂（Champavati）的名字命名都城。自从拉贾·萨希尔·瓦尔曼统治了昌巴地区并建立了政权，这个山区由于其交通的不便，一直都没有被其他政权所侵略。莫卧儿王朝的阿克巴（Akbar）大帝曾经想要让昌巴归属于自己的统治，但以失败告终。昌巴直到 1846 年被英国统治，最终于 1948 年归属于印度联邦。

昌巴镇以其大量的神庙、宫殿以及工艺品而著名。其布局可以清晰地划分为两个区域：老城区和新城区（图 2-7）。老城区在英国殖民之前形成，新城区的形成是在英国人推进他们的城市建设理念之后，建造了大量现代风格的纪念碑、桥梁、建筑等。通过对昌巴历史资料的探究可以发现，昌巴的城镇化建设一共经历了三个阶段：第一阶段是从 920 年拉贾·萨希尔·瓦尔曼建都开始到 1846 年，第二阶段为英国统治期间，第三阶段从它归属于印度联邦一直到现在。

昌巴镇有很多宫殿、神庙和民居，这些传统的建筑都使用当地的建筑材料和建造技术建成，位于老城内。老城坐落于沙哈·马达尔山（Shah Madar Hill）较缓

图 2-7　昌巴镇鸟瞰图

的坡地上，周围有茂密的森林，
这为老城区增强了防卫。城内有
许多著名的古神庙，最著名的是
建于 10 世纪的昌巴瓦蒂神庙，它
的建设标志着昌巴城的形成。还
有建于 10 世纪的拉克什米·纳
拉扬神庙群（Lakshmi Narayan，
图 2-8）、西塔·拉姆神庙（Sita
Ram），建于 11 世纪的瑞·马
塔神庙（Sui Mata）、拉克什
米·戴维神庙（Lakshmi Devi）
及阿克汗德·金迪宫殿（Akhand
Chandi），这些神庙的建造都受
到了克什米尔地区的影响。在 19
世纪下半叶，英国政府起草了昌
巴镇的发展计划，他们在昌巴建
造了大量现代风格的建筑，这些
新建筑从视觉上较为统一，采用
白色的墙壁，拱形窗户、飞檐、
坡屋顶、挑出的屋檐和走廊。在
1863—1910 年之间，昌巴镇的交
通道路系统经历迅速的发展，城
郊处建造了横跨拉维河与外界相
接的大桥，城内新建了一些神庙、

图 2-8 昌巴拉克什米·纳拉扬神庙群

图 2-9 昌巴老城区和桥

图 2-10 昌巴布里·辛格博物馆

城门、花园和教堂，包括著名的甘地门（Gandhi Gate）、湿婆神庙、警察局、苏
格兰教堂、布里·辛格博物馆（Bhuri Singh Museum）及行政大楼等，这些西式风
格的建筑丰富了昌巴的天际线（图 2-9、图 2-10）。

门迪镇是门迪县的中央地带，由于城内有 81 座精美的神庙，被称为"山区
的瓦拉纳西"。由于其在交通上的便利位置，门迪在如今的发展中已然成为喜马
偕尔邦重要的贸易中心。如今的门迪老城区仍然保存着大量的古老的建筑，中心

区域是一个开放的空地，即在门迪地区出名的下沉式广场，正对着市场的是曾经的拉贾宫殿（图2-11、图2-12）。

门迪曾经是一个诸侯国，由它的统治者巴乎森始建于1200年，但是门迪主城由后来的阿加巴森于1526年建造。阿加巴森是门迪历史中一个伟大的统治者，他扩大了门迪的疆土。他在门迪建造了一座拉贾宫殿，宫殿的周围用四座塔来装饰，还建造了一座印度教神庙，即布特纳特神庙（Bhootnath Temple），最古老的门迪城便围绕着宫殿和神庙而建造。1778年统治门迪的拉贾·悉典·森（Raja Sidh Sen）同样是一位伟大的统治者，他统治着周围大片的土地，使门迪国变得空前的强大。17世纪末期，古卢横扫了门迪，拉贾·悉典·森被古卢国国王拉贾·辛格囚禁，但据说他以一种神奇的力量逃脱。在他在位期间，锡克教领导者戈文德·辛格访问了门迪。借助于锡克教的力量，门迪成功地对抗住了莫卧儿王朝的军队。1877年，森家族的统治者拉贾·维杰·森（Raja Vijay Sen）在位期间，建造了大量的学校、医院、办公楼、宫殿等公共建筑以及一条将门迪、古卢、康格拉相连接的山路。但在1905年印度西北部地区的大地震中，这座城市受到了影响，被严重损毁。在英国殖民时期，门迪受到了英国统治者的影响。1948年印度独立之后，喜马偕尔邦成立，苏凯特地区合并入门迪，门迪便以当时的形态保持至今。

2. 行政城镇

一个地区没有得天独厚的地理优势，也没有农产品的剩余，但也会发展出城镇，这是不足为奇的。因为城镇是一个地区对于控制和组织中心的需要，所以便

图2-11　拉贾宫殿及宫殿前的开放场地　　图2-12　下沉式广场

会出现一个象征性的行政城市。一个地区通常需要一座能够得到周围广阔的区域信服且认可的城市，从而能控制整个区域的农业剩余。古卢、西姆拉都是这样的城镇，它们的公共空间及城市系统等物质文化和非物质文化一起使之成为较大的城镇，向周围展示着它们的艺术与文化。它们也向我们展示出创建一座城市的思想：也许规模不大，但地位需要得到保障（图2-13、图2-14）。

图 2-13 西姆拉城　　　　　　　　图 2-14 古卢镇鸟瞰

喜马偕尔邦许多都城的权力中心都显示出强烈的建筑特色，大量不同的传统都城显示出这个地区对行政城市的需要，即要满足贵族、官僚机构、宗教建筑等复杂的权力关系，并在古卢、西姆拉等地区表现出一致的模式。政府机关和宗教建筑共同形成了一个行政城镇的中心区域。这些较大的开放场地在城镇发源的初期应该是贸易场所，但是后来一些权威的力量使中心地带成为权力控制的工具。

古卢的历史最早可以在玄奘的《大唐西域记》中找到，玄奘于7世纪经过此地时称当时的古卢为屈露多国，方圆三千多里，群山环绕四周。都城方圆十四五里。花果茂盛，土地肥沃，树木繁荣。由于濒临雪山，珍贵药草很多……气候逐渐寒冷，略有霜雪……佛寺二十多所，僧徒一千多人，大多学习大乘佛教，少数人学习其他教派……国内有一佛塔，是无忧王建造[1]。如今这个佛塔已不复存在，当地人也基本信仰印度教，所以现存较多的为印度教神庙。现今的古卢则是作为整个古卢地区的行政中心。

---

1 玄奘. 大唐西域纪[M]. 董志翘, 译. 北京：中华书局, 2012.

西姆拉根据印度教毁灭女神卡莉的一个化身而命名，它的过去较为辉煌。1822 年，苏格兰的公务员查尔斯·肯尼迪（Charles Kennedy）在西姆拉建造了第一个英国避暑房屋。19 世纪后半叶，西姆拉成为英属印度的夏都。由于这里海拔较高，夏季天气宜人，许多英国人都搬到这里定居以逃避印度平原地区的酷热。现在这里仍然有许多旅游者，在夏季这里有宜人的气候，在冬季这里有迷人的雪。西姆拉城中有众多英国殖民时期风格的建筑物，似乎在提醒着人们英国统治印度的那段历史。加尔加—西姆拉铁路便为当时所建，如今还在运作，向世人证明了英国这项工程的杰出与经久耐用。

作为喜马偕尔邦的首府，整个城市根据地形条件布局于东西向的山脊上，山脊和周围的林阴道构成城市的中心（图 2-15）。

这条名为购物中心（The Mall）的街道包括主要的城市管理机构、商店、教堂、剧院和俱乐部等。这条街道上禁止车行，因此被称为步行街。19 世纪中期，英国殖民政府在此建造了很多殖民时期风格建筑，但这些建筑与当地传统建筑的风格大不相同，都是依据英国人的习惯和风格而建造的，有总督府（Viceregal Lodge）、新哥特式剧院、位于山脊地带的基督教堂等，这些建筑都受到了英国文艺复兴的启发（图 2-16）。虽然这条道路很普通，但道路两旁的殖民建筑却赋予了它独特的个性和灵魂。路两旁的所有店铺都只有两层楼高，全部为木框架人字形屋顶，这种建筑风格让商城富有节奏感，较为和谐。西姆拉整个城市的建筑巧妙地平衡了英式风格和印度精神，虽然西姆拉大多数建筑物都受到了殖民文化的影响，但建筑材料基本都来自当地。木楼梯、柚木板、灰色砂岩和克什米尔胡桃木吊顶，都是当地的一些常用的建筑材料。这些元素与英国文艺复兴思想相融合，

图 2-15　位于山脊上的步行街市场购物中心街　图 2-16　步行街上的基督教堂

造就了山城西姆拉的特点和魅力（图2-17）。

如今购物区的多数商店开在旧建筑物中。步行街的下一级是中市场，廉价小型商店与民居混杂在这里。再下一级是下市场，主要是出售日用品的小商店和蔬菜市场，在三者中最为拥挤，但在旅游高峰期步行街也会很拥挤。到下市场的很多游客也会到步行街去购买高档耐用品。在这片地势较低的市场中，步行街上的建筑与下面市场里的一串串阶梯、狭窄的巷子编织在一起，为西姆拉城增添了一丝神秘的色彩（图2-18）。

图 2-17　步行街上的殖民时期建筑

图 2-18　西姆拉下市场

3. 宗教城镇

印度教教徒昌巴占喜马偕尔邦总人口数的95%，均匀地分布于各个地区。伊斯兰教教徒约占该邦总人口数的2%，集中于昌巴、斯尔毛地区。佛教教徒只占总人口的1.2%，大多居住于拉豪尔和斯必提地区。锡克教教徒集中于科努尔和古卢两地，占总人口的1.2%。

喜马偕尔邦几乎所有的城镇都与印度教有关，而较为有特色的宗教城镇在这里主要是佛教城镇和锡克教城镇。

在喜马偕尔邦的斯必提和拉豪尔，藏传佛教在这两个地区有着重要的影响，不仅影响到了当地人的信仰，也影响着当地的政治经济。与西藏、印度、尼泊尔的佛教寺庙都有其错综复杂的联系，斯必提和拉豪尔地区的佛教寺庙也是这个巨大网络中的一部分（图2-19）。

图 2-19　斯必提地区地形

佛教在 7—8 世纪由于统治者的推动即佛教游僧的传播影响到了喜马偕尔邦。对于当地人来说，佛教的传入就像一股清新的空气，因为佛教的思想重新定位了他们在印度种姓制度下的社会地位。来自那烂陀的莲花生大士和寂护大师（Shantarakshita）在喜马偕尔邦的影响力很大，公元9世纪，他们被西藏国王邀请前来传教。但藏传佛教和印度佛教有着很显著的区别，佛教的思想与印度教也是相背离的，因此当地社会以一种不同于印度其他社会的方式发展，佛教也在当地引起了统治者和广大民众的注意。

佛教寺庙在当地大量地产生，无论是在城市还是在乡村。寺庙是供和尚和尼姑修道的地方，也是佛教传播的载体，城镇的寺庙和宫殿建筑翔实地展示了在空间组织上的联系。大部分寺庙和宫殿的空间组织都相似，与它们处理城市开放地的手法一致，即在城市外围和边缘处以一种循环围绕的方式组织而成。这种组织模式在很多佛教城市或建筑中都有体现，虽形式各不相同，但主体思想是一致的。寺庙的空间组成显示出佛教之城的特色，而且作为最重要的城市组成元素，对其他的公共空间、交流场所和居住空间起到引导的作用。庭院、厚墙、围廊，在佛教寺庙中已经成为不可或缺的元素。寺庙代表着城市中的主流社会，建筑的形式比较拘束，安静的建筑空间围绕着庭院，与印度人日常生活的急促和喧嚣格格不入。

在斯必提和拉豪尔县，零星地散布着几个较为集中的佛教小镇，主要有基朗（Keylang）、卡扎（Kaza）、塔波（Tabo）等。基朗镇是拉豪尔和斯必提县的行政中心，离印藏边界120公里，位于钱德拉谷（Changdra）、巴加谷（Bhaga）和杰纳布河谷的交界处，在巴加河岸上（图2-20）。基朗镇的周边有几个佛教寺庙，其中最主要的是卡当佛教寺庙。卡扎镇是斯必提山谷的总部，坐落于斯必提河沿岸，海拔3 650米，是山谷中最大的乡镇和商业中心（图2-21）。卡扎镇被分为旧区和新区，新区有一个行政大楼。旧区有一个建于14世纪的佛教寺庙唐由达寺庙。寺庙外观就像一个坚实的堡垒，顶部是倾斜的泥墙，位于一个深谷的边缘。塔波是拉豪尔和斯必提地区的一个小镇，坐落于斯必提河岸。小镇中心有一个佛教寺庙，已有一千多年的历史，即著名的佛教寺庙塔波寺。塔波寺保存了大量的壁画和雕像，吸引了大量的藏传佛教信徒。镇上还有为数不多的几家酒店和招待所（图2-22）。

在喜马偕尔邦发展史上，锡克教对喜马偕尔邦的影响很大，但锡克教仅在喜马偕尔邦的小部分地方存在，斯尔毛的帕奥恩塔萨希布和古卢的曼尼卡兰（Manikaran）是主要的朝圣之地（图2-23）。

帕奥恩塔萨希布小镇由锡克教的创始人之一戈文德·辛格创建，最开始的名字叫帕翁蒂卡（Paontika），"帕翁"在印地语中是双脚的意思，"蒂卡"是稳定的意思。戈文德·辛格在传教过程总在此停留并居住，在

图2-20　基朗镇

图2-21　卡扎镇所处位置

图2-22　塔波寺

图2-23　帕奥恩塔萨希布小镇鸟瞰

此地撰写了多部锡克教书籍。现在这些珍贵的书籍及和大师相关的物件都被保存在当地的博物馆中。在戈文德·辛格传教期间，当时此地的统治者建造了一座锡克教宫殿来感谢他的到来。这座锡克教宫殿坐落在亚穆纳河（Yamuna）岸边，主要包括一个锡克教的庙宇，周围是茂密的森林（图2-24）。

图2-24 帕奥恩塔萨希布锡克教宫殿

4. 旅游城镇

喜马偕尔邦是印度的旅游胜地之一，全年气候比较温和，这个地区的地形以及天气造就了喜马偕尔邦怡人的自然风光。在喜马偕尔邦有众多旅游城镇，大多为近年发展而成。

默纳利镇位于古卢山谷北端24英里处，在国道通往列城（Leh）山谷的终点附近。此地景观秀丽，游客可以看到山顶上的霭霭白雪以及清澈的比阿斯河（Beas River）潺潺流过小镇。河岸边有郁郁葱葱的树林和草原。默纳利也是游客前往拉豪尔和斯必提、科努尔、列城等地最喜欢停留的度假胜地，当地有"印度的瑞士"之称（图2-25、图2-26）。默纳利有很多吸引人的景点，但是在历史与考古学上最令人感兴趣的焦点，无疑还是建造于1553年的西迪姆巴·戴维神庙（Hidimba Devi Temple，图2-27）。神庙隐没在密林古杉中，离游客中心只有1.5英里，漫步在迄今约500年历史的古神庙中，是一件趣味盎然的乐事。朝向罗唐（Rohtang）关口的瓦什斯特（Vashist）是位于比阿斯河左岸一个小村庄，以其温泉和神殿出名。村内有两个分别供女士和男士浸泡的天然的硫磺温泉浴池，池内经常挤满了观光

图2-25 默纳利小镇及周围环绕的群山

图2-26 默纳利小镇典型建筑

的游客。马纳里小镇上还有三座色彩艳丽的新竣工的佛教寺庙，游客可以在这些寺庙中，买到地毯和其他的西藏手工艺品。默纳利到处都有迷人秀丽的风景，也是夏季避暑的好去处。

像默纳利这样因为旅游而发展起来的小镇在喜马偕尔邦很多见。达尔豪西是英国于1854年建造的山区避暑胜地，它位于昌巴谷地中，德哈山脉的西部边缘处，周围被白雪覆盖的山峰环绕，5月和9月是达尔豪西的旅游旺季。小镇中遍布苏格兰和维多利亚风格的建筑，有大量的酒店（图2-28）。

图2-27 西迪姆巴·戴维神庙及周边　　图2-28 达尔豪西旅馆

第三节 山区村落

生态环境是地球上所有生物赖以生存所处的大自然环境，在这个自然环境中，生物和其他阳光、空气、土地等非生物条件相互间保持着一定的协调性，且生物与生物间也存在着相互影响、相互制约的关系。生物在长期的共生中循环并更新，最后逐渐趋于一种相对稳定的状态，形成一个个稳定的生态系统。生物的存在与之所处的环境是息息相关的。如果这种关系违反了客观的生态规律，生态系统的协调性被打破，就会导致生态环境的恶化[1]。这个矛盾在工业化迅速发展的今天越

---

1 宣蔚，魏晶晶，唐泉. 地域性的回归——重庆山地建筑的生态性探索[J]. 华中建筑，2010（05）：40-48.

来越引起人们的注意，人为的因素不断影响着自然环境，并不断改变着自然环境，但是人类自身的生活环境却被忽视了，这违背了文明发展本来的宗旨。现在很多居住区更加产业化，使人与自然的发展相互脱离，这种违背自然规律的行为阻碍了人类生活质量的提高和精神文明的发展。于是人们更加向往生活气息浓郁的乡土建筑，以及优美且融于自然的生活环境。

喜马偕尔邦的传统山地民居是乡土文化的一种具体表现，自然环境是形成这一"乡土文化"的客观基础，生态和自然环境促进且制约着其文化的形成与发展，自然环境对喜马偕尔邦山区民居的影响是巨大的。自然环境对山区民居建筑的影响主要有两个方面：（1）不可变的因素，有山脉、气候等，是形成这种影响的主要方面。（2）可变的因素，有坡地、小溪、丛林等，是形成这种影响的次要方面。

从山地民居的分布中我们可以了解到，这些民居适应着环境，改善着居住环境。尽管它们看起来似乎都是自发形成、毫无规律的，但其实具有一定的科学合理性，从选址和布局上都能发现以"适应环境"为基础而进行的精心考虑。俯视喜马偕尔邦的一片片村落，可见聚落择地而处，随着地形的等高线而变化，既随机又有序。这些民居就像生长在这片土地上的树木，丰富了这里的山地形态。它们体量小，空间分割有效且实用。建筑所组合成的群体与山体自然统一，所用材料也与地貌协调，无论是肌理还是色彩，都适应着这里的地形地貌（图2-29、图2-30）。

村落的形态是在特定的自然环境和历史文明发展的影响下形成的，村落的形态及其景观是自然环境、地形地貌和人

图2-29　喜马偕尔邦村落1

图2-30　喜马偕尔邦村落2

文历史的外在反应。村落的形态所呈现出的多种多样的形式和风格很难用单一的简单的原因作出解释，因为它们是地理、气候、文化、经济、社会等多种因素综合作用的结果。正是因为这些错综复杂、千变万化的自然因素的影响，才产生了各具特色的村落景观。总之，民居及其村落的形态由两个因素决定：一是自然因素，二是文化因素[1]。

1.选址的影响因素

喜马拉雅山是世界之巅，喜马偕尔邦覆盖着茂密的森林，其山脉与山脉之间会有路相连，当地居民通过这些道路从山上的一个地方到达另一个地方。在山腰，而不是在白雪覆盖的山顶或山下的河谷，我们会发现一些村庄。虽然喜马偕尔邦的民居类型多样，但是它们之间也有地域性的共同特征。由于山区地理环境的限制，大多居住建筑建在山里的台地上，通常面谷背山。种姓等级较高的家族房屋规模会较大，由于家族人口的增多，在老房屋的周边还会建有一些新的房屋，这使房屋总是以组群的形式出现，每个组群之间保持一定的距离。

从喜马偕尔邦的历史来看，动荡不安的历史因素造就了喜马偕尔邦居民居安思危的心理和高度的自我保护意识。为了在内忧外患的环境中保护自己，当地居民凭借着高山密林等天然屏障安置自己，借助自然环境来增强村落本身的自卫能力，聚落选址的效果也是显而易见的。

文化对住宅形式的影响是毋庸置疑的。一般来说，在生产力比较低下、经济与文化也比较落后的地区，周边的自然环境对民居和村落的制约总是难以逾越的；在经济、文化比较发达的地区，社会和文化因素所起到的作用则较为显著[2]。在人类发展的初期，人类都把"山地"作为神的居住地，对之既向往又难以亲近，很明显，生产力低下是根本原因。过去，人类改变自然的能力很弱，所以山地可望而不可即，只能对之充满崇拜。既崇拜自然又对自然畏惧的心态使得当时的人们大多利用地形且依托地势来建造居住点，这种做法是明智之举。

生活在同一地区的人，他们的信仰、活动以及生活方式表现出共同的价值观，这在喜马偕尔邦生活的村民中显而易见，从各个季节、各个角落都可以看出村庄中村民的凝聚力。自给自足的经济形式、天然的地理屏障、传播媒介的缺失，喜

1 郭红雨.山地建筑的本土性[J].新建筑，1998（04）：45-48.
2 拉普普.住屋形式与文化[M].张玫玫，译.台北：境与象出版社，1987.

马偕尔邦的很多地区都保留了自己的地方特色。这里的传统文化有两大特点：一是保守性，即保留了很多传统的民族意识和宗教情感。二是从属性，即各方面都受到宗教或民族意识的制约，约束着自己的行为。

2. 选址原则

村庄的选址主要遵循以下原则。

（1）背面靠山，正面开阔。背山一面为山的阳坡，可以拥有更广阔的生产活动基地，阳光比较充足，空气也较为流通。背后有山作为依托，便于观察、防守和撤退。

（2）靠近水源，避开山洪。山区的失水对生态是一个很大的威胁，所以喜马偕尔邦的村落大多临近水源或者面河。但同时也要避开山洪的危害，所以需要避开较大的冲沟，利用有自然坡度的沟壑来排水。

（3）沿坡布置，有土可耕。村落一般都选址于山坡，居高临下，可退可守，基地坚固可靠，没有滑坡的危险。村落的周边还有很多用于耕种的土地。

这几项原则在村落的选址中，常常结合地形，作出综合的考虑。

3. 村落形态特征

（1）散点式民居。过去，由于山区的交通不便，各个地区间很少有交流，村落的形成没有一定的秩序和规则，顺应着地形呈无中心自由的伸展，基本不会对原始的地貌做出人为的改变。房屋一般自由布置，随着山地等高线的起伏而变化，高低村落，层次分明（图2-31）。

（2）曲折的道路系统。山区村落的道路起到导向作用，对整个景观形态也

图2-31　村落中的散点式民居　　　图2-32　村落中曲折的道路系统

有一定的影响。由于建筑物受到地形的影响不规则布置，作为连接村内各家各户的道路，也只能呈现迂回曲折的形态。这些道路时而宽阔，时而狭窄，犹如一条条纽带，将整个村子连接在一起（图2-32）。

（3）多样的绿化景观。由于日常生活以及建造房屋的需要，在喜马偕尔邦，植树造林活动常见。这不仅提高了生活环境的质量，也对村落的绿化起到了重要的作用。喜马偕尔邦的人们崇拜他们的神灵，认为所有的自然现象都有至高无上的神在主宰，所以崇尚自然、保护自然，就是在保护他们的神（图2-33）。

图2-33　村落中的绿化

图2-34　村落中的排水沟

（4）对水体的保护。喜马偕尔邦的人们注重水体的保护，他们大多于山脚的河流中挑水，有时在村内掘井来取水。这里的水体一直处于自然的循环中，水质没有被污染（图2-34）。

4. 村落中民居布局方式

村落中的民居群体呈现出一定的松散性，但根据山势可以分为两种情况：一种是"凸"形曲线布置，一种是"凹"形曲线布置，前者一般位于山脊，后者则处于山坳。"凸"形曲线布置的村落有一种发散感，"凹"形曲线布置的村落则有一种内聚感。位于山坡上的村落视角一般都比较开阔。根据村落的地形，村落可分为以下几种布局。

（1）分团式。这种村落一般位于比较平坦的台地上，各个组群形状较规则，周边有绿化种植带，绿化种植带有一定的防御功能。

（2）成片式。这种村落在大片山坡中形成，没有固定的形状，连成一片。

（3）成条式。这种村落一般位于海拔比较低的山区，沿着沟谷在水边或山腰的台地上形成，呈串状布局。民居间保持着距离，联系却较为密切。

山区村落的布局变化多样，上述几种方式也无明显的界限，有时也可以是几种方式的混合，但这些布局都充分说明了喜马偕尔邦山区居民善于利用地形，因地制宜，巧妙地解决居住于山区的各种矛盾与困难（图2-35）。

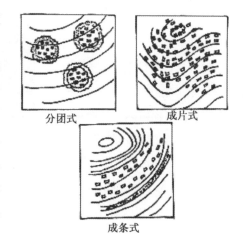

图2-35 村落中民居布局方式

第四节 村落实例

在比阿斯河的左岸山坡上，有一个迷人的小村庄——浩克汗村（Khokhan Village），这是古卢地区一个典型的村落，村落里的民居成群地无规则地建在山坡中平坦的台地上（图2-36）。在村子的中心位置，即村落的最高处，是当地的

图2-36 浩克汗村落

神庙和粮仓等公共建筑，对村落外的人是不开放的（图2-37）。

浩克汗村中的建筑是典型的中部喜马拉雅地区的木制建筑类型，居民多数是卡撒族人。这些民居建筑十分有乡土特色，这是由多种因素造成的，就地取材对这些民居风格的影响最大。因为材料往往决定了构造的方法，而建筑的表现形式是构造方法的直接体现。这些当地的材料表现出来的建筑生成一定的艺术效果，质朴而简单，却又耐人寻味。住宅在材料上的处理非常有质感，基础、墙身和屋面都采用了石材，在视觉上粗犷而豪放，与山地、树木等周边环境相融合（图2-38）。因为高质量的可以用在结构墙上的石材在当地很缺乏，所以只能将当地的片岩石加以挑选，然后填充于木质框架中，形成当地特有的一种石木混合墙体。墙身穿插着褚石色的木材，屋顶为灰色板岩片，质感由粗渐细，自然而天成（图2-39）。当地材料在建筑上的运用，使房屋群体与周围环境更加地协调，房屋

图 2-37　村落中的公共建筑

图 2-38　村落中的民居单体

图 2-39　石木混合墙体

似乎与周围环境形成一体，作为当地山地景观的一部分，毫无矫揉造作之感。这一特点体现出了当地居民崇尚自然、保护自然的良好民风。

在每个房屋的周边，人们会在比较平坦的台地上种植蔬菜，自给自足。建筑大多古朴，房屋以线性排布，四周有走廊。房屋的基座比较矮，牲畜可以方便地通过。一层是牲畜房，二层是起居室，用于就寝、储藏、烹饪等，内部空间的一层地板铺设石板，二层铺设厚木板，内部空间的尾顶上是木质天花。房屋的前面是一个院子，院子里铺设了石板，周围有栏杆围上。

每个民居建筑朝着阳面的阳台都是开敞的，这些宽敞而通风的阳台为以耕地为生的居民提供了很大的方便，阳台作为每个家庭最有用的空间，家庭成员可以在此聚集、工作、休闲，白天还可以晾晒谷物和衣服。夏天，人们可以在阳台上睡觉。有时在阳台的角落里会发现手工织布机等生活用品，因为织布机是这个地区每个家庭必备的日常工具，家庭中的男性都是熟练的织布工。妇女曾经是禁止使用织布机的，但现在男女都可以使用。古卢地区的织布业因此也比较发达，具有彩色图案且设计精美的围巾在整个印度都很畅销。

小结

喜马偕尔邦的城镇长期以来与贸易线路都是相对独立发展的，但通过城镇的外围与这些贸易线路相联系着，它们的位置和形式也受到贸易活动的影响，开放地和市场便是这些联系的一个明显标志。

喜马拉雅山脉的地形条件对于当地人的日常生活是很有挑战性的，但是人们还是根据这种"有挑战的条件"创造出了城镇这种空间形式。城镇的核心拥有各种政府管理机构以及神庙，是一个开放的空间，承担了一个城镇在文化上包括民族的多元化、人口的密度和城市的经济的需求。这些物质的和非物质的因素，都是构成一个城镇不可缺少的条件。在喜马偕尔邦的城镇发展中，通常情况下，一些有着丰富的历史和文明的城镇，保留下来的历史建筑，在人们的意识中会成为这座城市的"吉祥物"，这些建筑遗产往往可以表达过去或者现在的物质与文化之间的关系，也是过去社会组织和生活方式的结果。保存下来的"标志性建筑"虽然在表达历史的方面起着重要的作用，但是并不能完整再现现实环境，虽然这些建筑遗产在某些方面原封不动，但其实也经历着改变。我们应该深入了解文化方面的因素，从而对这些山地城镇未来的发展和保护提出可行的措施。

　　村落是小规模的聚落，喜马偕尔邦的村落，向我们展示了山地小型社会的空间形态、构成要素以及当地人的生活方式。通过这些细节的研究，可以发掘喜马偕尔邦传统建筑的地域性和生态性。这些传统的村落是当地人经过了长期的实践经验发展起来的，村内的民居巧妙地结合了山地地形，依照山地坡度差异进行布局，显示出错落有致的效果。

第三章 喜马偕尔邦传统公共建筑

第一节 碉楼

第二节 粮仓

第一节 碉楼

在喜马偕尔邦，古代和中世纪的统治者们建造了大量高耸的位于不同山脉的碉楼，这些宏伟的碉楼反映了统治者们的社会地位和对于子民的控制，形形色色的碉楼几乎遍布于整个喜马偕尔邦。传统意义上，大多碉楼的建造是为了监视和防御，一般都位于一个统治区域的制高点。高耸的碉楼用于监视周边的动态，及时发现危险的情况。成为古代森严的戒备系统和战争的堡垒。

1. 碉楼起源分析

碉楼作为一种单体塔楼式建筑，最开始在西方出现得比较多。在东欧至今保存着为数不少的碉楼，有的建于千年以前，有的是 15 世纪的遗物（图 3-1）。全部是石质建筑，或块石垒砌，或片石砌筑。其楼高一般都有四、五层，有的更达七层。塔楼造型非常简单，多数是下宽上窄的四方型，顶部有的为尖顶，有的为平顶，少数塔楼的上部一层四边向外悬挑。所有塔楼的每层四面墙都开设有射击孔，楼内空间狭小。中世纪时碉楼的大量出现是为了抵御进攻[1]。喜马

图 3-1　波兰巴尔巴坎城堡

偕尔邦的碉楼几乎都出现于中世纪，这很有可能是与印度中世纪的殖民历史有关。由于当时动荡不安的社会因素以及外国侵略者的入侵，各个诸侯国内都出现了碉楼形式的建筑。

碉楼建筑遍布世界各地，在我国主要分布于历史上的藏羌地区，其他地区相对较少，其中藏式碉楼保存数量最多。藏式碉楼的用途较多，在和平时期用于宗教活动场所、民间居室、宗（西藏早期行政单位，相当于现在的县）政府和庄园，其生活、生产功能也很完备。战争时期作为防御工事和烽火台，其坚固的墙体和

---

1 陈志华.外国建筑史[M].北京：清华大学出版社，2000：90.

相对高大的建筑外形，在冷兵器时代成为进攻方不易攻破的堡垒，其防御性能很强。西藏地区现存的碉楼主要分布在山南地区，山南碉楼以洛扎境内居多，多分布于洛扎县城至措美县乃西乡一带长达100余公里的河谷（今公路）沿线。洛扎碉楼之中，现今仍在使用的碉楼中以赛卡古托寺九层碉楼最有代表性（图3-2）。这座古碉楼由米拉日巴于11世纪建造，主要功能为防御。根据米拉日巴的传记记载，当时修建赛卡古托一个重要的原因就是为了防范"土匪"，保护他的老师玛尔巴的大公子色·达玛朵底。赛卡古托寺碉楼共九层。一、二层现为地下室及储藏室；一至四层为错层式建筑，各层面积的三分之一用于楼梯间上下交通。各层梯道左右相错（图3-3）。

从藏族的早期历史来看，也许最早修建碉房之类的建筑并不是为了军事防御，而是出于信仰方面的缘故。例如早期苯教信仰人死后登天之说，还有巨石崇拜、白石崇拜、石头崇拜等，现在信奉藏传佛教的人们在朝佛、转经时，也不会忘记向玛尼堆上放一块石头，而碉房的修建从某种角度上讲无疑会满足一些心愿。但是，随着社会的发展，碉房式建筑也不断得到发展，派生出许多新的功能，如居住功能、军事防御功能等。藏族的住宅以藏式碉楼最有特色，它是藏族的传统住房，又称"碉楼"，平面呈方形，上窄下宽，顶是平的。地处青海省果洛藏族自治州的班玛藏族碉楼在藏语中称为"夸日"，其历史至少可以追溯到800多年前，主要分布在果洛州班玛县灯塔乡的班前、科培、格日则等村。其中仅班前村内就有碉楼近百座，大多有300年以上的历史，一般有两层或三层，上层堆放粮食，中层住人，下层圈养牲畜，建筑整体高约10米，屋面多为平顶，墙体石木交

图3-2　赛卡古托寺九层碉楼

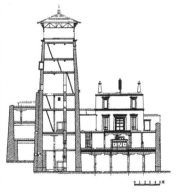

图3-3　赛卡古托寺碉楼剖面图

错，间隙夹杂黄土砌制而成（图3-4）。

从喜马偕尔邦的历史中我们可以发现，1030—1080年，拉豪尔、斯必提和古卢区域被古格王朝所统治。而喜马偕尔邦的碉楼几乎都出现在这段时期之后，且外观与其更加相似。从而可以推断，该邦的碉楼很可能从中国藏区传入，外形和功能上受到了中国藏区的较大影响。

图3-4 班玛藏族碉楼

2.碉楼特征分析

喜马偕尔邦的碉楼平面呈正方形，为了保证高耸建筑的稳定性，基座至少有一层的高度，主入口也在一定的高度上。但没有固定的楼梯可以到达主入口，而是在适当的位置放置一个活动楼梯供人们通行。为了增加高耸建筑物的稳定性，墙体厚度达到了1~1.5米，墙上设置小的监视口来监视敌人的入侵（图3-5）。

碉楼的内部根据当地的需求来设置，但是一层大多都是一个大空间。在碉楼扮演着很

图3-5 喜马偕尔邦伽尼碉楼

重要作用的时候，这个大空间便是一个集会大厅。大厅中，有一个较窄的活动楼梯通向上层。最顶层的一间房间内供奉着地方神灵，其他的房间都是储藏室，用

来储藏粮食、武器、乐器等。有时候在倒数第二层的四边会有阳台围绕，阳台也用做监视敌人。悬挑的阳台的一部分地板是可以活动的，取出时便会有一定的间隙，在敌人入侵时，可以通过这些间隙攻击敌人。

大型的碉楼建筑群将几个碉楼封闭地组合在一起，朝向仍然沿承传统，面谷背山。建筑组群中包括封闭的庭院或者天井，在最高点有像神庙一样高耸的建筑物来供奉他们的神灵。建筑的入口与饲养动物的圈分割开。在建筑内部，人们能够环视中间的庭院。阳台是封闭的，经过精心的设计，精美而华丽。因为这些建筑都是比较神圣的空间，所以对于装饰格外关注，雕刻了植物、动物以及神灵，华丽的装饰也代表着统治者的审美能力和习俗。所有的碉楼除包含了大型民居所有的构成要素，并且还添加了一个内部的神庙。相比于其他的乡土建筑而言，碉楼建筑的建造在构造技术的标准上有所提高，统治者对他们所统治的领域内的碉楼建造都有统一的要求。

高耸的建筑通常是歇山顶或者混合屋顶，墙体为石木混合建造，是村庄中最高的建筑物，可以达到三到七层高。早些时候，这些建筑物最大的功能就是作为瞭望塔来观察来来往往的路人。因此，它们被建造在重要的位置，外形高耸，从而监视可能会攻击他们的敌人。为了防止不必要的外界的人进入，在众多的碉楼中里没有固定的楼梯，取而代之的是活动木梯。而现在，它们的功能则是作为纯粹的保卫社会宗教信仰体系的宗教建筑物。

碉楼的最高层也被当做村中的集体神庙，供奉的是氏族神（库尔天神，Kuldevi）或部落神（德瓦拉神），较低层是储藏室，储放交通工具、粮食、武器、乐器等，有时候还建有厨房和会议厅。碉楼通常有坚实的基座，将近一层楼高，这保证了整座建筑的稳定性和安全性。木材和石头切成厚厚的片状用于墙体的施工，确保了基础上的荷载能够均匀分布。墙上会设有监视孔，用来监视和射击敌人。最高层的主要材料是木材，一个木质的阳台环绕着最高层，阳台上有一系列的开口以及雕刻，开口通常是尖拱形状，用来保卫和监视。日常生活中的活动和一些宗教仪式都会在神庙的这个空间举行，但在今天它就是一个观察周围地势和景色的回廊。

3. 碉楼实例

（1）伽尼碉楼（Chaini Castle）

在古卢县的伽尼村（Chaini Villiage）中，有一座伽尼碉楼，立于海拔 2 000米的高度上。这座碉楼有 45 米高，是当地最高的建筑，也是这个地区的象征性建筑，高大而引人注目。伽尼碉楼最上面两层在 1905 年康格拉地震中遭到损坏，当地人随后进行了修复，让伽尼碉楼恢复了原貌。

根据当地的资料记载，伽尼碉楼建于 17 世纪，主要功能是用于防御。为了保证建筑的稳定性，在建筑物下有一个 15 米高的纯石头基座。上面五层的墙体很厚，最高的两层是石木混合墙体。想要进入碉楼内部，需要通过一个细长的木梯，木梯沿着碉楼外部一面墙的对角线放置，木梯上没有栏杆保护且比较窄，所以具有一定的危险性，在 12 米的高度转折到另外一个 3 米的楼梯，才能到达通往内部的门（图 3-6）。

一层有一个下陷到基座上的凹槽，约 3 平方米，周围有一个 1 米的走道。在中世纪，这个凹槽用来储藏战争中所用的弹药。在这层的一个角落里，放置着一个通向二层的活动木梯，上面的几层都有这样的梯子，直到五层。在城堡第五层的角落里有一个木质圣坛，圣坛里有七尊金属雕像，都是地方神灵。这层的四面都有阳台，站在阳台上可以看到村子的全貌。最初，碉楼的屋顶是歇山顶，在 1905 年的地震之后做了改建，现已是一个纯朴的双坡顶。

图 3-6 伽尼碉楼

（2）贡德哈拉碉楼（Gondhala Castle）

贡德哈拉碉楼位于钱德拉河谷，立于海拔约 3 110 米的高度，入口的铭文上记载碉楼的历史，由当时古卢国的国王拉贾·曼·辛格（Raja Man Singh）在 1700 年建造。现存的八层的封建时期建筑物主要由石头建成，曾经是拉豪尔地区的骄傲。在全盛期，它的周围有一个建筑群围绕着，但现在基本已经损毁，只余一些低矮的民居。当时的统治者居住在此，它既是一个避难所，也是一个防卫侵略者的要塞。在碉楼的北墙上有监视口，正对着村子的入口，用来监视入侵的侵略者（图 3-7、图 3-8）。

在统治者的权威衰退之后，这个庞大的建筑群就很难维护了，因为收到的税收根本不够支付维护它的费用，所以曾经在周围支撑这个城堡的建筑基本消失了，破坏文化遗产的人甚至拿走了周围建筑残留的材料。

鉴于碉楼的保卫作用，在碉楼的外部和内部都没有建固定的楼梯，如果想进入碉楼，必须通过活动木梯。当发现敌人有侵略的迹象时，人们将活动木梯搬到

图 3-7　贡德哈拉碉楼模型正面　　图 3-8　贡德哈拉碉楼模型背面

室内，关上大门，用大量的木板将门堵住。碉楼的最高层四边都有阳台，阳台上可以观察到很远的地方，屋顶是一个两坡屋顶，和这个地区的大部分建筑物相同。

碉楼的内部很宽敞，大大小小的房间有很多个，建筑的顶层用来储存冬季的衣物和床，现在仍有一些物品余留在那里。大多房间已经不再使用，布满灰尘，只有顶层的两个黑暗的房间在使用着，供奉着曾经统治者的祖先。

（3）卡马路碉楼（Kamaru Castle）

卡马路碉楼建在萨特累季河谷的莫内村（Mone Village），具有很多比较特殊的地方。第一，木材是建造的主要材料。第二，建筑上的木雕刻很丰富，屋顶更加倾斜。第三，这种风格的建筑在喜马偕尔邦只发现三个，另外两个是萨帕尼（Sapani）的宫殿和萨拉罕（Sarahan）的毗摩卡利（Bhimakali）建筑群。这里以莫内地区的卡马路碉楼为例（图3-9、图3-10）。

莫内村位于科努尔县海拔2 500米风景优美的巴斯帕谷（Baspa Valley），在科努尔县是一个历史悠久的村落。卡马路碉楼建于巴库拉（Tbakurai）时期，基座为11平方米，建造的目的是用于防卫和监视。建筑有五层高，基座有一层的高度。

图3-9 卡马路碉楼正面　　　　　　图3-10 卡马路碉楼背面

一层有五个房间，用做厨房、储藏室、餐厅等。二层有三个房间，其中一个是空置的，另外一个大房间里供奉着佛陀的雕像，还有一个房间用来举行宗教仪式。三层也有五个房间，其中有一个是关闭的，据说曾经有一只豹走了进去，自此之后门就没有打开过。第二间房用于在某些仪式时屠宰动物，第三间房用来举行祭祀仪式，第四间房用来供奉女神，第五间是存放弹药和武器的储藏室。四层最大的房间用来接见宾客，有一间是私人房间，其他的三个房间是厨房、储藏室和储水间。顶层是一个神庙。卡马路碉楼的墙体是典型的石木混合墙，但与最初的形象有所差别，因为被之后的侵略者改建过。屋面高耸倾斜，是一个重叠的歇山混合型屋顶。

第二节 粮仓

喜马偕尔邦地处喜马拉雅山脉，环境较特殊，在寒冷的季节，人们需要依靠储存在粮仓中的粮食度过，所以在当地出现了公共的粮仓（图3-11）。

图3-11 村落中的公共粮仓

1.中世纪公共粮仓

中世纪的喜马拉雅西部地区建立了一些小国家，这些国家，特别是在昌巴和门迪地区，阶级划分严重。富裕的阶级拥有大部分的耕地，由很多农民阶级去耕种，地主阶级则在收获的季节到地里收集谷物。为了储藏这些谷物，地主阶级在村庄里建造了粮仓。

在这种社会传统下，年复一年，大量的谷物被储存在粮仓内。传统的粮仓在当地被称为科特比粮仓（Kotbi）、加特巴尔粮仓（Katbar）、加特巴亚粮仓（Katbyar）、班达尔粮仓（Bbandar），它们的作用、形式各有不同。科特比粮仓和加特巴尔粮仓是指在普通人之上的封建权威储存粮食的地方，加特巴亚粮仓是指地主阶级储存粮食的地方，班达尔粮仓是指村民共同储存粮食和财产的地方。

由于政治的变革、社会的变迁，现在留存下来的基本都是班达尔粮仓。班达尔粮仓的外形与曾经大量出现的碉楼建筑很相似，它就像一个哨兵，高高地耸立在每个村子的中心地段。在它的周围有开敞的小型广场并铺有地砖，这也是整个村子的活动中心，村子里所有的社会和宗教活动都会在此举办。班达尔粮仓的层高较高，即使只有两层，也比周围其他的建筑高很多，显示出了它的尊贵和特殊性。班达尔粮仓的平面一般都是矩形，石木混合墙体坚固而厚重，最高层的四面都是阳台，呈全封闭或者半封闭状态。建筑外表面有各式各样的木雕刻，雕刻有几何图案、植物、主题故事等。屋顶为歇山顶，上覆瓦片，屋顶的外观处理使这个建筑看起来显得更加宏伟。

在班达尔的一层，有一个小且牢固的门。进入内部和顶层则需要通过活动的木梯，内部和顶层比较昏暗。顶层供奉着地方神灵，通过一个木质楼梯直接与外部相连。由于社会的传统和人们的认可，班达尔的外形特征并没有改变，但是现在所能看到的班达尔上的木材并不是很古老，因为这些建筑需要定期地修复，包括建筑上的雕刻。

保英达拉·德夫塔班达尔（Baoindara Devta Bbandar）坐落在庞贝谷的巴赫胡恩克村（Bachhoonch Village），是一个颇有趣且巨大的塔式建筑物。在德夫塔班达尔前有一个残存的石头框架，原应是一个北印度风格的石庙，因为通常在一个村子里，公共的活动中心包括粮仓和神庙等公共建筑。德夫塔班达尔是在500多年前由门迪的工匠建造的，根据记载，之前的班达尔由于某些原因被破坏，因此当地的首领遭到了诅咒，他召唤来一位圣人，圣人告诉他只要重修这个班达尔并供奉起神灵，便可以得到庇护。所以这位首领从门迪请来了工匠，现在所保存的班达尔就是由他所建。德夫塔班达尔的建造方法也由门迪引进。不同于当地流行的石木墙体的建造风格，德夫塔班达尔墙体使用的木材较少，这种方法在门迪地区比较多见，因为那里的木材比较匮乏。

德夫塔班达尔的基座有8米高，外部的楼梯从地面一直到建筑一层，连接着一层的一个悬臂式的阳台。一层平面的外围是8米×8米，内部净尺寸是7.3米×7.3米，墙体厚度35厘米。内部被分为两个功能空间，一个是圣殿，另一个用于集会，层高为2.44米。通过内部的一个活梯可以到达二层，二层的空间也被分割成两个功能空间：一个是储藏室，另一个是酒窖。储藏室里有过去村民共用的一些物品，包括乐器、武器等。二层内部的木框架被抬高，用来支撑屋顶，所以二层增加的层高是用于支撑庞大的屋顶的。屋顶的式样是歇山顶，装饰比较华美，显示出建筑的与众不同以及在村民心中的地位。现在德夫塔班达尔已经不再使用，但作为历史建筑得到了当地政府一定的重视（图3-12）。2005年12月，当地政府对德夫塔班达尔进行了一次大型的维修，屋顶被建得更加高耸华丽。

2. 现代小型粮仓

碉楼式的粮仓发展到今天，形式已经有所改变，作用和功能也变得单一。如今喜马偕尔邦的村落中，民居之间的有机组织构成了公共空间，这些公共空间开始只在家庭之间使用，然后由邻居之间在白天使用。它们相当于裸露在房子外面的房间，供大家公共交流。更大的

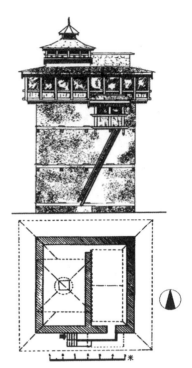

图3-12　保英达拉·德夫塔班达尔的立面和一层平面

公共空间建在最高处或者最大的台地上，当地的粮仓和神庙通常也建于此。这些地方成为村民交流和社交活动的地点，是整个村庄的焦点。

根据居民的生活和使用方式，粮仓发展为现今的两种类型，一种是独立建造的，另一种则依附在民居建筑内部。两种粮仓的规模不会很大，粮仓的大小与村子里粮食的储存量有关，粮仓的建造保护了他们的粮食安全。当村中大部分个体有大量的食物需要储存但却没有足够的地方时，需要建立公共的独立粮仓。当民居的规模较大，家庭成员的人口较多时，民居内会建造依附在内的私有粮仓。

（1）独立型粮仓

独立型粮仓根据建筑材料和建造方法分为两种类型。一种是木质粮仓，整个建筑的主要建造材料是木材，只有基座和屋顶采用石材；另一种是石木混合建造的粮仓，在建筑材料和建造方法上与喜马偕尔邦民居建筑一致。木质粮仓的内部更加密封与紧凑，可以使粮食保存得时间更长。因为建筑规模比较小，所以会使用质量较高的珍贵的木材，这样也有利于粮食的储存。粮仓在规模和比例上都比

一般的房屋小，只有5~6英尺高，整体效果就像一个微型的房子。

一般的房屋会有一个供人交流的的大基座，而粮仓没有，石木混合建造的粮仓直接从地面升起，没有石头基座（图3-13）。木质粮仓则架在2~3英尺高的石板上，在粮仓垂直构件的底部有木圈梁来使之更加稳固，这一细节不仅可以防止雨雪的渗入以及动物、昆虫等对木构架的危害，还保证了室内空气的流通，防止内部地面潮湿（图3-14）。

图3-13　独立型石木混合粮仓

粮仓一般分为两层，第二层有一个平台，高于地面几英尺，通常是开敞的，人们喜欢坐在平台上闲聊。通过石阶或者木梯可以到达粮仓的二楼平台，平台中间是粮仓的门，这也是粮仓仅有的一个开口。门的尺寸很小，离地也有一段距离，这些设计都有助于保持室内的干燥和密闭（图3-15）。门上会有丰富的民间雕刻，一些具有象征意义的民间艺术通过雕刻的图像被当地人传承和理解。粮仓的大门被牢固的精心设计的金属制的锁锁着，金属材料在喜马偕尔邦的乡土建筑中很少用到，这是为数不多的情况之一。早期金属用具很珍贵，这里的使用表现出来粮仓对居民的重要性（图3-16）。粮仓的屋顶有两种形式，四坡屋顶和两坡屋

图3-14　独立型木质粮仓

图3-15　粮仓的二层平台

图 3-16　粮仓的门及门上的锁　　图 3-17　四坡屋顶粮仓

顶，屋顶结构悬挑出整个粮仓，更加保护了居民宝贵的粮食（图 3-17）。粮仓上的艺术处理和人们对它特别的关注体现出了这个小型建筑在村落中的重要性。

　　粮仓的内部空间组织很有条理。在一层内部，交叉的木质隔板将空间隔成了四个小空间，通过第二层地板上的四个活动门

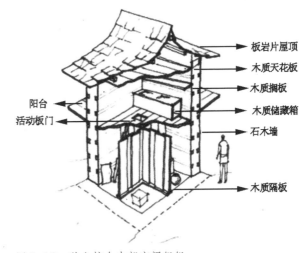

图 3-18　独立粮仓内部空间组织

可以分别到达四个独立的储存空间。这样的分割可以把不同的谷物放置在不同的空间，而当一个空间被使用时也不会影响到其他三个空间，保证其他三个空间仍然是密封的（图 3-18）。

　　粮仓之间既有共性，也有特性，每个粮仓的第二层都有所不同。第二层房间内部有内置的储藏箱和货架，它们被放在内部空间的边缘，保证了中间空间的开敞，木质的储藏箱连接成倒 "U" 或 "L" 形。二层的顶部有一个假的木质天花板，

用来保持内部环境的密闭性，从而
保证室内的温度（图3-19）。

（2）马亨德·辛格·奥克塔
粮仓（Mahender Singh Aukta）

马亨德·辛格·奥克塔粮仓位
于一个地处旧久布巴尔（Jubbal）
的公共建筑群中，这个公共建筑群
共有六个建筑，其中三个是粮仓，
另外三个是神庙，规模和大小都各
自不同。小型的粮仓和神庙都是石
木混合墙体，从总平面上来看，整
座建筑群体大致形成一个圆形。粮
仓和神庙在相对的两侧，中间是开

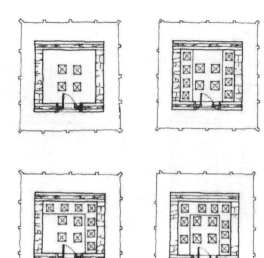

图 3-19　独立粮仓内部储存木箱布置

阔的场地。因为其中三个神庙和两个粮仓都不允许进入，所以本书只能细致研究可
进入的一个粮仓，通过仔细观察介绍这个粮仓的材料、建造方法和技术（图3-20）。

能够进入的粮仓为两层，歇山式屋顶，看起来就像是村子里民居的缩小版。
粮仓的前面有石阶，通过石阶可以步入粮仓二层的开放阳台，阳台上有一个可

图 3-20　粮仓神庙群

以进入粮仓的入口（图
3-21）。阳台没有栏杆，
从建筑中悬挑出来，高
度仅为一个人的肩高。
人们坐在阳台上闲谈，
这使阳台成了一个活跃
的公共空间。入口在二
层的中间位置，储存箱
在内部空间的外围呈
"U"形摆放，中间空
间较为宽敞。在宽敞的
中央空间的地面上有四
个活动板门，分别通向

图 3-21 粮仓神庙群中可进入的粮仓

一层的四个独立储存单元，一般粮仓的空间都是这样划分的。用于搭建粮仓的木
材是经过精细切割的高质量木材，与石材之间的搭接也经过精心的处理，这样才
能建造出一个密闭的储存空间。泥浆石膏用于粉刷室内表面，进一步地使空间密
不透风。存储空间内部密闭而紧凑，外形朴实而有美感。

　　粮仓旁边的小型神庙让人感觉很神秘，它矗立在那里，观察着周围人的日常
生活以及他们对宗教信仰的虔诚。建筑群是村落的私有财产，对村民是开放的，
对外人则是封闭的。在神庙建筑中，民间地方神灵被供奉在单层的神庙内，印度
教中的大神则被供奉在两层神庙内。每个神庙内都有一名看护者和一名教士，为
每一个宗教节日执行必要的仪式。村民很保护这些地方神灵，因为村民们相信这
些神灵能够保佑他们的收成和他们的运气，当地的神灵是他们信仰体系的一部分。
外人很难从这些宗教的图像来了解这些宗教的特殊含义。为了保护他们宝贵的信
仰，公共粮仓这种神圣的空间是禁止外人接近的，这些公共建筑也是当地居民集
体生活的体现。

　　（3）依附型粮仓

　　在一些比较大型的居住建筑中，会有特定的空间用做私人粮仓，这些粮仓在
房屋的一层或二层。若房屋的规模并不是特别大，粮仓会在建筑的一层，它的结构、
建造方法和独立型粮仓相同，空间的组织也和独立粮仓一致，有自己独立的门，

内部有木质储存箱用来储存粮食（图3-22）。

若粮仓在建筑的二层，这时的粮仓只是房屋中的一个房间。房间的内部空间被木质隔板分成四个独立的单元，粮食被储藏在每个隔间的木箱子里，通过楼板上的活动板门和爬梯可以从三层直接到达。这种粮仓中储存的粮食每天都可以被取出，同时也可以被长期保存，只有在规模达到一定程度的房屋中才有可能建立这种专门的储藏空间（图3-23）。

图3-22　粮仓位于民居一层剖面分析图

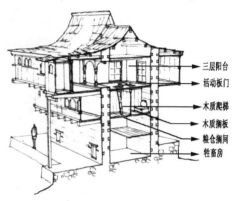

图3-23　粮仓位于民居二层剖面分析图

小结

由于中世纪喜马偕尔邦战乱的历史，各个管辖区内出现了碉楼形式的建筑用于战争和防御，而追溯其历史可以发现，这可能与中世纪的欧洲侵略的历史相似。但喜马偕尔邦的地形条件较为特殊，外来侵略所影响的地区也较为局限。究其形制和功能，这些碉楼与中国藏区的碉楼更为相似。藏区的碉楼功能甚为广泛，从战争、宗教到居住，都能找到鲜明的例子，且喜马偕尔邦在地理位置上与中国西藏相接，拉豪尔和斯必提地区曾经在中世纪时被中国西藏的古格王朝所统治，所以笔者认为喜马偕尔邦这些中世纪保留下来的碉楼由中国西藏传入，且根据当地的地形、气候、材料变化发展成我们所能看到的形式。本章详细地描写了喜马偕尔邦现存的具有特色的几个碉楼，从中可以发现其与藏区碉楼的相似之处与不同之处。这些碉楼地处一个聚落的最高处，有时不仅具有防御的功能，还具有居住的作用，从材料到建筑技术，从墙体到屋顶，都具有一定的地方特色。多是就地取材，或石材或泥砖或木材。整体造型都是高耸的立方体，顶部较大，造型简单且富于变化。屋顶为坡顶，或两坡顶或歇山顶或混合式屋顶，造型和风格有时吸收了西方的建筑文化。建筑外面一般不开门，仅能通过内部的通廊上下或进出，也不会开窗，少数有开窗的洞口也会很狭小，但墙体上会设有若干个射击孔，给人一种封闭且坚实的感觉。

　　由于社会和历史的发展，喜马偕尔邦碉楼的功能也发生了变化，后期出现的碉楼大多是被称为"班达尔"的粮仓，粮仓的出现也是当地特殊环境的需要。最开始的粮仓仍然仿照碉楼的形式建立，这也说明了粮食在当地非常珍贵。由于时代和政治的变迁，现在的粮仓规模变小且适用，主要发展为两种类型。一种是独立的公共小型粮仓，为村子中几家人合用，外形和民居一致，只是规模要小很多，内部环境密闭不透风，很好地保护了特殊环境下居民的粮食。另一种是大规模民居中附带的粮仓，常位于比较隐蔽的房间中，同样为密闭空间，储存形式与独立型粮仓一致。

第四章　喜马偕尔邦传统宗教建筑

　　印度的庙宇，就像欧洲的大教堂一样，是宗教时代创造出的奇迹。这些雄伟壮观的印度庙宇大多建造于 600—1600 年间。在这前后，虽然也有很多的庙宇，但只是这个时代的前奏和尾声。

　　印度的庙宇不仅仅是印度教圣地，往往也属于其他的任何一个宗教——佛教、耆那教、锡克教。锡克教的庙宇内供奉的只是锡克教的圣书《格兰特·沙哈卜》（Granth Sahib），其他宗教的庙宇内却都供奉着男女神像或者圣贤的偶像。佛教的庙宇内供人朝拜的或是称作窣堵坡的佛塔，或者是佛陀的雕像（图 4-1、图 4-2）；印度教神庙内供奉的是地位显赫的男神或者女神；耆那教庙宇内则是二十四位超凡脱俗的圣贤，或者是其中之一[1]。

　　庙宇是印度文化遗产中不可分割的一个部分，由于地点的原因，在过去的旁遮普邦和中央平原的战争和侵略中，喜马偕尔邦的庙宇保存得较为完好。这里淳朴的宗教教徒发展了他们自己的宗教教派，并且建造了大量不朽的显著的宗教圣地。

　　在文化意义上，直到最近一个世纪喜马偕尔邦才被大家所熟知。当人类走得更远更广，才发现人们以前对喜马偕尔邦的神庙建筑的描述仅仅是北印度风格。喜马偕尔邦的神庙通过发展具有了自己的风格，虽然喜马偕尔邦各个地区的神庙建造形式多种多样，但是思想上存在着统一的标准，所以神庙建筑有一个标

图 4-1　桑契窣堵坡

图 4-2　桑契寺庙中供奉的佛像

---

1 布野修司 . 亚洲城市建筑史 [M]. 胡惠琴，沈瑶，译 . 北京：中国建筑工业出版社，2009.

准化的形式、准则和程序，神庙的空间组织和装饰形式都类似，具有地区统一性。因此，很多学者关于喜马偕尔邦的神庙建筑提出了一个新的风格——喜马拉雅风格。5世纪，喜马拉雅风格的神庙建筑开始初步形成，喜马拉雅风格的神庙类型众多，有纳加拉风格神庙[1]（Nagara）、德拉风格[2]神庙（Dehra），也有著名的佛教寺庙（图4-3～图4-6）[3]。

图4-3 纳加拉风格神庙

图4-4 德拉风格神庙（重檐金字塔形屋顶）

图4-5 德拉风格神庙（两坡屋顶）

图4-6 德拉风格神庙（混合屋顶）

1 也被称为"北方型"神庙；印度神庙大体上分为北方型神庙和南方型神庙，北方型的特征是称为悉卡罗的炮弹型（玉米型）顶部，南方型的特征即在基坛上梁柱结构之上冠以顶部。
2 高原地区建筑风格。
3 Subhashini Aryan. Himadri Temple[M].Shimla:Indian Institute of Advanced Study Rashtrapati Nivas, 1994.

第一节　喜马偕尔邦印度教神庙的起源与发展

喜马偕尔邦的大部分人口是印度教教徒，印度教神庙在喜马偕尔邦庙宇类建筑中占有大部分的比例。除了拉豪尔和斯必提两个高原地区，其他地区基本都信仰印度教，所以大大小小的印度教神庙遍布于喜马偕尔邦。

在对印度的宗教文化的探索中我们发现，宗教圣地不仅仅是具有宗教意义的场所，也是人们社会和文化生活的场所。在古印度，宗教和文化场所具有很重要的地位，这个传统在印度一直延续到了今天。印度的社会以神庙为中心展开，神庙作为宗教举行各种仪式的场所，也是人们相互交流的场所。作为各种活动的核心，神庙也支撑着整个村落的经济。在印度，神庙被看做神之座或坛、神之家，神像及一些与神有关的物品被储存在神庙内，礼拜则是人神合一的体现。主持礼拜的只能是婆罗门，婆罗门是一个地区社会的代表，是人神之间交流的媒介。神庙被称为"神圣的洞穴"，意思是胎内、泊地，形式与宇宙相似。神庙是信仰的化身，也是他们的灵魂。石头和木头都承载着当地人的精神元素，住在这里的人会将他们的住宅选址于尽可能地接近神的地方。神可能被隐藏于洞穴中，或者可能在他们精心设计的神庙中。神庙则高高地耸立，直指天空的方向。

1. 神庙的起源

印度教萌芽于 4 世纪，兴起于 6—7 世纪。信徒多来自于低级种姓。劳动群众中的一部分人在反对封建主斗争暂时失败的情况下，看不到出路，为了摆脱残酷的阶级压迫，把希望寄托在解脱之上。婆罗门教禁止低级种姓学习《吠陀》，佛教难懂的教义和根基的限制，也将他们拒之于千里之外。于是他们就把神话和史诗中的神祇作为崇拜的对象，加上一些流行于民间的原始宗教的残余，形成了最初的印度教的团体。8 世纪下半期，孟加拉的农民爆发了起义，起义一直延续到 9 世纪中叶。面临着激烈的阶级斗争，封建主一方面使用武力进行镇压，另一方面则利用业已在民间流行的印度教，并加以改造，使其更符合麻醉人民的需要。10—12 世纪，印度的阶级斗争出现了新的高潮。1057 年，北孟加拉的农民爆发了起义，打败了巴拉王朝的军队，一度在部分地区建立了政权。封建主阶级为了麻痹人民的斗志，维护其统治，乃对印度教进行进一步的改造。在这一时期，印度教正式分为毗湿奴教和湿婆教两大派，毗湿奴教流行于孟加拉和印度的西北部，湿婆教流行于印度南部。它们都受到封建统治者的大力提倡，许多宏伟的庙宇在印度各地兴建起来。随着伊斯兰教封建主的入侵，伊斯兰教在印度也传播开来，成为印度北方一些王朝的思想统治工具。但是，就整个次大陆而言，印度教的信徒仍占人口中的大多数，在封建主阶级控制下的印度教向着更加迷信和堕落的方向发展。印度教在当今印度拥有广泛的基础，再加上传统的影响，今天印度教徒在印度已达 8 亿，所以现在的印度是一个以印度教教徒为主的国家。

相传在很久以前，喜马偕尔邦就是印度教的湿婆神和杜尔迦女神的住所，当地许多圣地的建成就是为了纪念这两位神灵。神庙是印度教教徒朝圣的地方，在过去与现在都体现出信仰、历史、宗教以及统治者的重要性，是伟大的工匠和艺术家以及普通的当地人民共同创造的结晶。神庙保护着那些在这片圣土上的人们。神庙的位置越偏远，越表明当地人民渴望亲近神。喜马偕尔邦建造了如此多的印度教神庙，有两个原因，当地居民的需求和过去统治者对自己权力的维护。当地人认为他们的信仰中有一种力量，这种力量在生活中会给他们带来积极的因素。他们和世界各地的土著人一样，比一般人更需要注意生活环境中不能控制的物理因素，这便使当地的神庙、民间神灵和圣地成为喜马偕尔邦居民生活中重要的组成部分。

神庙能够表现出当地人对五位大神的崇拜，分别是：湿婆（Shiva）、梵天（Brahma）、毗湿奴（Vishnu）、杜尔迦（Durga）、甘尼沙（Ganesh），有时梵天会被太阳神苏利耶（Surya）所取代。几位印度教大神中的任意三位都有可能被放置在同一个神庙群中，这个特征在与喜马偕尔邦毗邻的北方邦中的石庙中也有发现。因为印度教中各大教派并不是相对分离的教派，比如在很多的湿婆和杜尔迦神庙中也会放置毗湿奴的雕像。印度教主要的信仰系统里提倡和谐和友好，没有任何信息表明在湿婆教和毗湿奴教之间曾有过冲突。在一个家庭中既会有湿婆崇拜，也会有毗湿奴崇拜。在昌巴地区的布拉玛（Brahma），有一座那罗辛诃（Narasimha）神庙[1]，里面立着一尊与人大小相当的金属坐像，与这个神庙邻近的是湿婆神庙、杜尔迦女神庙、毗湿奴神庙，这反映了当地人希望三个信仰能够和谐共处。

2. 印度教众神

印度教的神庙主要供奉两位大神，一位是保护神毗湿奴（Vishnu），另一位

---

1 毗湿奴的化身，狮面人身。

是毁灭生灵的湿婆（Shiva），很少有供奉三大神中的梵天（Brahma）的庙宇。也有一些庙宇将毗湿奴神像和湿婆神像放在一起供奉。湿婆的形象为虎衣缠裹裸体，脖子上缠绕着念珠和蛇。其特征是额头上有第三只眼，手持三叉戟、小鼓、小壶等。最明显的特征是林伽的形象，即一块用石头雕刻而成的圆柱形的湿婆神的男性生殖器，象征着宇宙的力量。他的坐骑是神牛南迪（Nandi）。湿婆的旁边通常是其妻子帕瓦尔蒂（Parvati）、儿子甘尼沙（象头神，Ganesh）、室健陀（Skanda），组成湿婆家族像。湿婆也是舞蹈之王，"舞蹈湿婆"像也很多见。湿婆的

图 4-7　湿婆雕像

儿子，专门为人排灾除难的象头神，普遍受到印度教教徒的信奉，象头神象征着富贵荣华、智慧与学问。战争之神室健陀的坐骑是雄鸡。妻子帕瓦尔蒂有多个化身，性格也多变。杜尔迦女神（Durga）就是其中之一，她的十只手中拿着各种武器，出现于杀戮的场面，坐骑为狮子或老虎，手持首级时则变成卡莉女神（Kali）。（图 4-7~ 图 4-9）

　　毗湿奴神庙内朝拜的对象是毗湿奴的二十四原始肖像之一，或者是它的十种凡尘化身像之一。毗湿奴的头上顶着五个或七个头的无边之蛇，经常以半蹲坐的形式坐在龙王的身上，四只手分别拿着光环、棍棒、法螺贝、莲花，乘坐名为加

图 4-8　象头神甘尼沙雕像

图 4-9　杜尔迦女神雕像

图 4-10　毗湿奴雕像

尔达（Garuda）的金翅鸟。鱼、龟、猪、人狮都是毗湿奴的化身（图 4-10）。其妻子富贵和幸运女神拉克什米（Lakshmi）则站在水中浮起的莲花上，手持莲花，坐骑是象（图 4-11）。梵天出现的形象总是以四张面孔象征四部吠陀。他的四只手中分别握着念珠、圣典吠陀、壶、杓（法器），他的坐骑是一只天鹅（图 4-12）。其妻子辩才天女萨拉斯瓦蒂（Sarasvati）是学问和技艺之神，一双手持念珠和吠陀，另一双手在弹奏琵琶，坐骑为孔雀，由于她也是水神，所以背后常有河流。

印度传统的宗教艺术所表现出来的神都是人格化了的神，那些壁龛和塔楼里的男神、女神、圣徒和苦修者，看上去都是年轻且活泼的，有的神情安详，有的露出微笑。他们的身体都是尘世凡胎的模样，衣着鲜丽，身配武器或珠宝，就像人间的名流显贵。他们各有配偶，或者儿女，各自有造福或者兴祸的本领。他们不仅亲自参战以消灭邪恶，还能化成凡人来到凡间指引人类修善积德。其实庙宇就是人格化了的神的概念的发展，庙宇是神的住宅，神在庙宇内接受着善男信女们的祈祷和献祭[1]。

3. 喜马偕尔邦印度教神庙的发展

喜马偕尔邦的印度教神庙集中了当地最高建造水平，当地的神庙按照建造材料可分为石庙、木制神庙、石木混合神庙。

石庙是从其他地区引进，并不是本土的，整体都是北方式神庙的风格，主要有石砌式和岩凿式两种。350—650 年的笈多王朝以及后笈多王朝，掀起了神庙建

图 4-11　拉克什米雕像　图 4-12　梵天雕像

1 章智源，黄少荣. 印度的庙宇[J]. 西藏民族学院学报（社会科学版），1986（01）：50-66.

造的浪潮，在印度北部和中部地区建造了大量的神庙，圣殿的建造材料都是石材，这点也显示出了在此期间当地建造技术的突飞猛进。喜马偕尔邦主要在喜马拉雅山脉外围地区，即西瓦利克山脉地区，主要包含康格拉、古卢、昌巴、布拉玛、西姆拉等。虽然这些地区之间的距离较远，但是这些地区的神庙建筑在形式和风格上都是一致的。

木制神庙和石木混合神庙是具有当地特色的传统神庙，木制神庙的主要材料是木材，石材仅用于神庙的基础和屋顶。这种神庙大多出现于7—8世纪，这也是当地传统神庙发展的初期。由于当地有大量的木材供给，人们在建造神庙时多就地取材。这个时期神庙的屋顶大多为两坡屋顶，因为高耸的两坡顶在雨雪天气能够较好地保护建筑。由于木制建筑的耐久性不好，易腐蚀，所以后期出现了石木混合神庙，这种神庙的墙体即为当地传统的石木混合墙体，但规模比房屋和粮仓都要大。

石木混合神庙受到当地建筑的影响及外来文化的影响，先是出现了攒尖顶和歇山顶，这两种屋顶在中国古代传统建筑中很为常见。攒尖顶在中国古代常用于亭、榭、阁和塔等建筑，在日本被称为"宝形造"，常用于茶室。歇山顶作为中国古代传统建筑屋顶样式之一，曾传入东亚其他地区，在日本被称为入母屋造，在喜马偕尔邦也用于早期的一些规模较小的神庙。随后出现了重檐金字塔顶，这种屋顶常见于尼泊尔的宗教建筑，可能在15世纪左右由尼泊尔传入，在喜马偕尔邦多见于一些规模中等的神庙。在印度的封建社会晚期出现了规模庞大、将各种屋顶形式混合建造的神庙群，这也是当地传统神庙发展的一个高潮。

第二节　喜马偕尔邦印度教神庙的风格及实例

1.纳加拉风格神庙

纳加拉风格，即北方式印度教神庙，主要特征是顶部高高耸立的悉卡罗[1]。据说悉卡罗代表维护之神毗湿奴的本体，象征着太阳。轮廓为抛物线卷杀，形状就像弹型，与中国密檐塔的轮廓相似。据印度建筑历史学家研究，悉卡罗来源于古

---

[1] 悉卡罗原意为山峰，象征着神灵居住的宇宙之山。它高耸入云，统领着整座神庙，向四周宣誓着神灵的存在。

代绑扎的尖顶棚屋，压在屋顶的那块使结构紧固的大石头，就是现在覆于悉卡罗塔顶之上的被称为"阿摩洛迦"的圆饼状巨石原型，最上还有罐装饰和刹杆，即所供之神的标志——湿婆为三叉戟，毗湿奴为轮宝。

喜马偕尔邦现存的最早的神庙建于 7 世纪，为纳加拉风格神庙。起初规模都较小，高度都不超过 6~7 英尺，大多位于古卢和西姆拉地区，建造材料都是石材，但这些规模较小的神庙都是经过详尽的设计和精细的施工建造而成的。在 8 世纪末到 9 世纪初，神庙的规模开始变大，外立面的墙体造型也变得越来越丰富，岩凿式神庙开始出现，这些神庙都是以组群的形式出现，构成也比较全面[1]。纳加拉风格神庙的主要建造材料是石材，石材建造的神庙在印度教神庙中主要包含石砌式神庙和岩凿式神庙。岩凿式神庙，并不像一般建筑那样用建筑材料堆叠起来，而是完全从山岩中"雕刻"出来。

印度教北方式神庙都具有一些明析可辨的构成部分，沿着中轴线前后串联起一些建筑，由门廊、柱厅、前室和圣殿四个部分组成，最简单的也要包括门廊和圣殿两个组成部分（图 4-13）。柱厅和圣殿，一水平、一垂直，一通透、一密闭，形成强烈的对比。主体建筑建于一个基座上，基座多为石材建造，布满多层横向线脚，由下而上内收，表面装饰着复杂而精美的雕刻，北方式的印度教神庙基座形式都类似。早期湿婆神庙模仿林伽的形式，基座线饰没有复杂的雕刻，线脚的边缘比较圆滑，整体看来就像一个盆。比如古卢捷卡苏特村（Jagatsukh Village）的湿婆

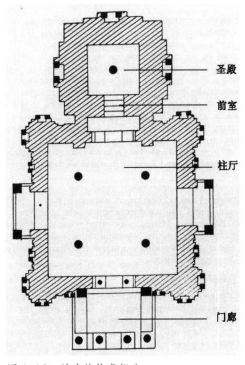

圣殿

前室

柱厅

门廊

图 4-13　神庙的构成部分

1 Subhashini Aryan. Himadri Temple[M]. Shimla:Indian Institute of Advanced Study Rashtrapati Nivas, 1994.

神庙，建于 8 世纪（图 4-14）。马斯罗尔石窟群（Masrur Monolithic Complex）所有的神庙基座都比较统一，好像是被精心设计过，所有凸出的线脚都是圆滑的，装饰着植物雕刻（图 4-15）。

神庙的最前方为门廊，门廊内部是立柱，立柱一般分为柱头、柱身、柱础三段，柱础的横截面为方形或圆形，表面由横向的线脚分割，雕刻着植物、几何图案及人物雕像。门廊后面连接着柱厅，也被称为"曼达坡"，是印度教教徒集会礼拜的地方，也是建筑中最大的空间。柱厅内部的立柱和天花上多有人物雕像和几何花草图案雕刻装饰，平面多为矩形，整体较为通透。顶部覆盖着毗玛那[1]。这种毗玛那与南方的不同，比较低矮，是密檐的形式，强调水平线，顶部呈尖形。喜马偕尔邦的神庙，在圣殿之前还存有完整前室的有三个实例，分别是马斯罗尔的塔库尔德瓦拉神庙（Thakurdwara Temple）、康格拉的拜杰纳特神庙（Baijnath Temple）和悉达纳特神庙（Siddhanath Temple）[2]。

图 4-14 捷卡苏特村的湿婆神庙

图 4-15 马斯罗尔石窟群基座装饰

柱厅和圣殿之间狭小的过渡空间是前室，通常比较封闭，光线也比较昏暗，内部的墙壁上凿有壁龛，细部雕刻精美，这样的氛围强化了圣室的宗教气息。

与前室相连的就是整个神庙最神圣的地方，叫做圣殿，也被称为"胎室"（Grabha-griha）[3]。圣殿属于神灵的空间，是一间既暗又小的正方形房间，内部放置

---

1 毗玛那指南方式印度教神庙建筑圣室上方角锥形或棱柱形的屋顶。
2 Subhashini Aryan. Himadri Temple[M]. Shimla:Indian Institute of Advanced Study Rashtrapati Nivas，1994.
3 指神庙的本堂。

神像，内殿的上方是高耸的尖塔。内殿的
大门一律朝东开启，内殿正门连接着前室，
有时在一些规模较大的纳加拉神庙中，圣
殿的四边会配置交叉甬道供信徒们绕行朝
拜[1]。

（1）湿婆神庙，巴拉特（700年）

喜马偕尔邦现存最早的神庙是700年
建造的湿婆神庙，地处巴拉特村（Barat
Villiage），是北方式的印度教神庙。现在
所残留的只有主殿，主殿破损也较严重。
神庙坐西朝东，规模很小，大约10英尺高，
采用当地石材建造，外轮廓为抛物线卷杀，
由下而上逐步内收。在入口处有一尊神牛
南迪的雕像。最低处有一部分陷在泥土里，
所以无法知道它的基座具体形制，只能推
断出基座应该是印度北方风格。圣殿的内
部供奉着林伽，即湿婆的象征物，最下方
是一个方形的底座，底座上有一个凹槽，
凹槽内放置了一个巨大的林伽石雕。圣殿
外部的三面墙上都有内嵌的壁龛，壁龛内
供奉着印度教众神的雕像。南边的墙上是
象头神甘尼沙，毗湿奴在西边，杜尔迦女
神在北边，很多湿婆神庙都这样布置。圣
殿的入口有三层嵌入式的门框，最外层雕
刻的是一些植物，最内层雕刻人物，精美
而富有层次感（图4-16、图4-17）。

总体而言，这个湿婆神庙小巧玲珑，
虽有破损，但不缺乏精致之态，尺度匀称

图4-16　巴拉特湿婆神庙1

图4-17　巴拉特湿婆神庙2

---

1 章智源，黄少荣.印度的庙宇[J].西藏民族学院学报（社会科学版），1986（01）：50-66.

协调，仍可辨别出细部的雕刻，是早期北方式神庙的典型代表。早期的北方式神庙建筑特征很清晰，大多有一个方形的主殿、精心设计的平面、朴素的内墙壁，除入口外没有其他开口。圣殿内比较暗，显示出它的庄严。主殿的入口朝向东面，目的是让早晨的阳光渗入殿内，照亮殿内神灵的图像。入口的柱子等建筑构件没有复杂的装饰，即使有也是很简单的雕刻。入口的一面有门廊，很多早期的神庙内部是没有壁龛的，后来的神庙内部添加了壁龛空间（图4-18、图4-19）。

（2）马斯罗尔岩凿神庙群（约720—800年）

马斯罗尔村地处康格拉镇的西南方，位于一座小丘的山顶上。著名的马斯罗尔岩凿神庙群就在这里，它也是喜马拉雅地区唯一的岩凿式神庙群，大约建于8世纪。整座神庙群占地约160英尺×105英尺，全部由岩石雕出，岩凿式神庙是石窟的进一步发展。这座神庙群不仅是一座宝贵的建筑，也是一座很有价值的雕塑。其海拔2 500英尺，由于地理位置比较偏，游客并不是很多，但是一些艺术和建筑爱好者常常被吸引过来。

神庙群的正前方是一个清澈的方形水池，池内种有莲花。池边上放置着神庙群中已毁的部分建筑构件，构件上的雕刻仍然清晰可辨（图4-20）。神庙群由多个神庙组成，最初有超过15座神庙，但现存

图4-18　巴拉特湿婆神庙象头神雕像

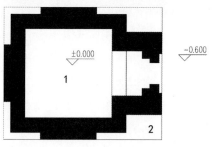

图4-19　巴拉特湿婆神庙的平面

1 圣室
2 基座

图4-20　方形水池及神庙的残留部分

的仅有 9 座，主殿位
于神庙群的中间（图
4-21）。据史料记载，
这座神庙，最早是一
个湿婆神庙，但是湿
婆雕像在 1905 年大地
震中被毁，后期放置
了拉姆神（公羊）、
悉多女神、拉克什米
女神的雕像，暗示了

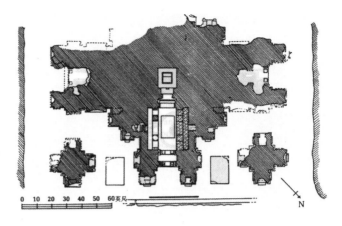

图 4-21　马斯罗尔岩凿神庙群总平示意图

该地区的人信仰的是毗湿奴教派。神庙群主要的入口已经损毁，但值得庆幸的是
今天仍然遗存着一些神灵的图案和迷人的景象。

主殿由门廊、柱厅、前室、圣殿构成，约 20 英尺高（图 4-22）。门廊上有
两根立柱，立柱由砖砌而成，柱顶和柱础处都有精美的雕刻，柱顶雕刻着"八瓣
莲花"的图案以及一些植物图案。门廊后连接着的是一个柱厅，柱厅的大门是木

图 4-22　马斯罗尔岩凿神庙群

质的，装饰着相当丰富的雕刻，引人注目。门前是五层嵌入式的门框，雕刻着植物和人物图案。天花板上装饰着植物和几何形状的图案，也有象征宗教的"八瓣莲花"（图4-23~图4-26）。柱厅的后面是狭窄且幽暗的过渡空间——前室，前室后面便是主殿的最重要部分——圣殿，里面供奉着拉姆神（公羊）、悉多女神和拉克什米女神，神像华丽且精美。拉姆的雕像有4.5英尺高，戴着帽子，额头有印度教的小红点。拉克什米的雕像有3.5英尺高，悉多的雕像有2.5英尺高。神庙群的主体除了主殿还包括八个次要的神庙。九个神庙有一个公共的屋顶平台，通过主殿的柱厅两侧的楼梯可以到达，右边的楼梯已经损毁，比较危险，左边的楼梯可安全使用。屋顶平台较高，可以俯视四周，包括周边几个独立的北方式神庙的全景。周围几个较小的神庙也都是北方风格的，顶部是高高耸立的悉卡罗，神庙中分别供奉着毗湿奴、杜尔迦、恒河女神、亚穆纳、湿婆等雕像。这些神庙上雕刻着宗教的象征物，有莲花和叶子、大象、狮子等。很多图案已经被风化和

图4-23 门廊顶部天花装饰

图4-24 门廊立柱

图4-25 立柱柱础

图4-26 主殿镶嵌式门框和门

损坏，但还是能辨认出来（图4-27）。

（3）拜杰纳特湿婆神庙（840年）

拜杰纳特湿婆神庙是一个神庙群，建于840年，是山区神庙建筑中早期神庙一个杰出的实例，地处康格拉地区。它是著名的湿婆十二神庙之一，又被称为帕拉莱亚·维纳神庙（Paralayam Vaijnath）。

神庙群的周围由砖砌的围墙围起，透过围墙，能够看到主殿高高耸立的悉卡罗顶。神庙群的入口处有一个门廊，门廊上有两个立柱，门廊顶部的中间是一个较小的湿婆雕像（图4-28）。由门廊进入，可以看到神庙群的主殿。主殿位于中间部位，周围围绕着几个规模较小的独立的神庙，都是锡克哈拉风格。主殿在一条中轴线上，沿着中轴线前后串联着一些建筑元素，首先是神牛南迪的雕像，在一个四面通透的石砌亭子里，面朝主殿的方向（图4-29、图4-30）。

图4-27　9号独立神庙

图4-28　神庙群入口门廊

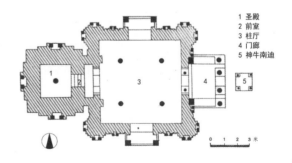

1 圣殿
2 前室
3 柱厅
4 门廊
5 神牛南迪

图4-29　拜杰纳特湿婆神庙平面

主殿面朝西，建在一个基座上，基座密饰横线，共有五层，布满凹凸线脚，每层都有精美的石雕装饰，或是植物，或是人物，或是几何图案。主殿的最前方是一个门廊，是教徒集会和礼拜的地方。门廊有四根立柱，顶部天花上的雕刻精

图 4-30　拜杰纳特湿婆神庙　　图 4-31　柱厅入口雕刻装饰　　图 4-32　室内藻井

细而繁多。门廊后为一柱厅，四周的雕刻较为复杂，正门的两边雕刻有印度教的男神和女神，除此之外，还有一些宗教符号和几何图案。柱厅外部布满了"锡克哈拉"式神庙的雕刻，雕刻的神庙表面也凿出了壁龛，龛内供奉的除了湿婆，还有梵天、甘尼沙、毗湿奴、萨拉斯瓦蒂等（图 4-31）。

　　门廊、柱厅，以及容纳神牛南迪的小亭子的屋顶形式都是统一的，覆盖着毗玛那，比较低矮，是密檐的形式，顶部呈尖形，三面有坡，逐层内收，之上再附一圆柱形顶尖。柱厅的后面是前室，前室比较狭长，内部光线昏暗，四周雕刻了众多精美的、细腻的植物和几何图案（图 4-32）。前室的后面即神庙最重要的场所——圣殿，圣殿内部供奉着湿婆，墙壁光滑，没有任何雕刻，象征着这是一个纯净的空间，与之前华丽的装饰形成鲜明的对比。外部是高耸的悉卡罗，庙身约高 20 英尺，屋顶上装饰着圆饼形的阿摩洛迦以及一个金属的三叉戟。

2. 德拉风格神庙（当地传统神庙）

　　德拉风格的神庙，主要指印度教神庙与当地建筑的融合，具有当地建筑特色，按照屋顶特征主要分为以下几种。

　　（1）两坡顶

　　两坡屋顶的神庙是最古老的，这种风格最经典的实例是建于 7 世纪的拉克什米·戴维女神庙（图 4-33）。

图 4-33　两坡顶神庙示意

很明显，布拉玛村（Brahma Villiage）的拉克什米·戴维女神庙（Lakshmi Devi Temple）位于布拉玛村的中心区域，周围是村子的公共场地和活动中心。这块平坦的场地上铺设了地砖，有一个小型的学校和其他一些小型神庙（图4-34）。拉克什米·戴维女神庙为两坡屋顶，主体结构为单层，建在一个石基座上，神庙的旁边有一个小型的附属建筑。主殿屋顶的脊与建筑的长边平行（图4-35）。

在结构上，女神庙采用在喜马偕尔邦最简单的神庙结构，山墙的形式类似于民居。主要的区别是入口的方向，两坡屋顶的神庙正门安在建筑的短边，而民居建筑的正门是在建筑的长边。这种类型的神庙坐落在高海拔地区，下雪的时候它们高耸倾斜的屋顶能使建筑得到一定的保护。主殿的木质门框有五层，层层内收，最外层雕刻着几何、花草图案，中间几层雕刻着印度教众神以及宗教标志，最内层是花草图案，最为精细（图4-36）。门框的上面，一直到山墙顶上，都布满了

图4-34 布拉玛村中心区域

图4-35 拉克什米·戴维女神庙

图4-36 拉克什米·戴维女神庙门框

雕刻,山墙上雕刻着一个较大的毗湿奴,其下是印度教众神(图4-37、图4-38)。进入大门便是圣殿的集合和礼拜场所——曼达坡,两侧都有一个很小的窗,内部有多根立柱,柱顶的横截面呈"一"字形或者"十"字形,上面有毗湿奴和拉克什米女神的雕像以及一些植物雕刻,天花板装饰了象征着宗教的"八瓣莲花"。曼达坡后是一个狭小的前室,前室内的雕刻同样丰富,经过一个较小的门便是供奉拉克什米女神的圣殿,这个门有三层门框,最外层的上方是一个毗湿奴的化身那罗辛诃,内部两层是精美的植物雕刻。拉克什米·戴维女神庙向我们展示了印度教引人注目的精美的雕刻,也向我们展示了7世纪山区杰出的木制建筑(图4-39、图4-40)。

(2)攒尖顶

攒尖顶在喜马偕尔邦的西部地区已很罕见,一般使用于规模较小的建筑。

图4-38 曼达坡内立柱

图4-39 曼达坡内天花

图4-37 拉克什米·戴维女神庙门框上侧雕刻

图4-40 圣殿门框

这种屋顶是由四个或多个相同的曲形屋面上升交汇到一个点上而形成，就像一个小山顶（图4-41~图4-43）[1]。

最经典的攒尖顶神庙的实例是马哈苏尔·提婆神庙（Mahasur Devata Temple）。其实这是一处神庙群，在主殿的旁边有三个两坡顶的小型神庙，墙体为卡特库尼墙体（Kattb-kuni），建造所用的木材都是耐久的、质量较好的喜马拉雅雪杉木。主殿的平面为方形，风格与当地的民居类似。二层环绕着木质的、开敞的阳台。阳台上共有18根木质立柱，立柱上装饰着木雕刻。主殿高8.5米，攒尖顶有四个坡，顶部覆盖当地的板岩片，汇集到一个顶点上，顶点处有一个鳄鱼型的金属装饰，攒尖顶挑出的屋檐很好地保护了下面的阳台（图4-44）。

（3）歇山顶神庙

喜马偕尔邦有许多类似于中国古建筑中歇山顶的神庙。这种顶的特征是在建筑的短

图4-41　单层攒尖顶神庙

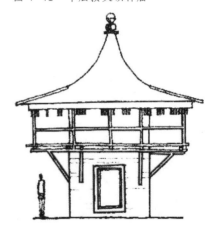

图4-42　多层攒尖顶神庙

图4-44　马哈苏尔·提婆神庙

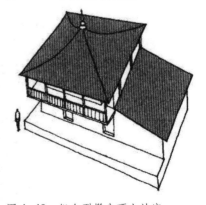

图4-43　组合型攒尖顶山神庙

1 Jay Thakkar, Skye Morrison. Matra-Ways of Measuring Vernacular Built Forms of Himachal Pradesh[M]. India: SID Research Cell, School of Interior Design, 2008.

边，山墙被抬高。双坡曲面在屋顶的长边伸
出建筑两侧，悬出墙体以保护建筑免受暴雨
和积雪的损害（图4-45）。在许多神庙中，
屋顶覆盖了挑出的阳台或周围的走廊。歇山
顶神庙中经常有精美的艺术木雕。梁的两端
通常雕刻鳄鱼、狮子的头、缠绕的蛇或孔雀。
鳄鱼雕刻在喜马偕尔邦神庙的脊梁上最为流
行，有时还装饰着神器，如铁的三叉戟。这
种屋面在独立的粮仓、民居、碉楼中也经常
被发现。由于施工方便，并且在自然环境中

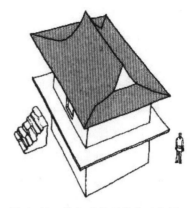

图4-45 歇山型屋顶神庙示意图

适当地保护了建筑，所以歇山屋顶在喜马偕尔邦的民间神庙中比较流行[1]。

在昌巴的基亚里村（Kiari Village），有一个典型的当地民间神庙。在山区，
地方性的小型神庙有很多，它们不如统治者建造的那些神庙宏伟以及古老，也
没有被重视，大多数人不认为它们具有历史意义，因为它们是由不知名的本土
建造者建成，材料和形式与当地的住宅相似。基亚里村神庙的构成与当地传统
民居类似，也是由两个长方体相叠而成，墙体也是石木混合墙体。神庙的底层
是一个密闭的储存空间，用来放置神庙相关的物品，二层是供奉地方神灵的地方。

建筑材料和施工技术与
当地民居相同，但建造
得比房屋更细致，雕刻
也更加精美。屋顶是歇
山型，屋檐出挑，覆盖
住了整个悬挑的阳台。
和民居一样，通过石阶
可以到达二层阳台（图
4-46）。

从基亚里普通的民
间小型神庙中我们可以

图4-46 基亚里村民间神庙

1 Jay Thakkar, Skye Morrison. Matra-Ways of Measuring Vernacular Built Forms of Himachal Pradesh[M].India: SID Research Cell, School of Interior Design, 2008.

看出，民间神庙将村民从日常生活中带到他们信仰的世界，从神庙的基座到屋顶的顶峰，无不体现出宗教性。小神庙由当地村民建造，它的作用也是为庇护当地村民，保护他们的神、他们的信仰、他们的家庭。

（4）重檐金字塔形屋顶

重檐金字塔形屋顶的神庙在喜马偕尔邦很常见，主殿是单层或者双层。屋顶一般是多层的，最高层顶上覆盖圆形顶盖，下面几层是切去顶端的金字塔形重叠放置，屋顶覆盖着板岩片，顶部高高耸立（图4-47）。

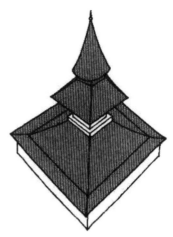

图 4-47　多层金字塔形屋顶神庙示意图

位于默纳利村（Manali Villiage）的西迪姆巴·戴维神庙（Hidimba Devi Temple）是这种重檐金字塔顶的典型实例，建造于1553年。穿越一片喜马拉雅雪杉林可以看到这座神庙。神庙建在一块坡地高大的基座上，整体为木框架结构。庙顶是重檐金字塔式，重叠着三层金字塔形结构，最高处为圆锥形顶盖，上部有金属装饰，整个金字塔顶都镀了一层金，顶部的坡度较大，挑出的檐很好地保护了下部主体木结构（图4-48）。

圣殿的平面呈方形，在其三面有走廊，走廊上等间距布置着立柱，仅有正面的立柱有植物雕刻装饰，圣殿的每面墙上都有窗，窗框装饰着精美的雕刻。墙体为木质框架，全部为牢固的喜马拉雅雪杉木，其中填充了泥墙。除了正面的外墙上布满雕刻，其余立面仅有部分以羚羊角装饰（图4-49、图4-50）。正面的外

图 4-48　西迪姆巴·戴维神庙

图 4-49　西迪姆巴·戴维神庙正门

墙全部为木质。门的两侧有
壁龛，壁龛的周围有精美的
植物雕刻。圣殿的门非常小，
门框有四个层次，雕刻着人
物、动物、植物的浅浮雕。
想要通过此门必须弯下身
子，门口有推拉的铁门加以
保护，这个小入口也是这座
神庙唯一的入口。神殿内供

图 4-50　西迪姆巴·戴维神庙墙体

奉着西迪姆巴·戴维女神的雕像，西迪姆巴是古卢地区著名的地方神灵。四层木
质的顶部框架梁上雕刻了很多神灵、动物、植物等，第一层是杜尔迦女神，毗湿
奴和拉克什米在第二层上，第三层是格涅沙，最上面一层则是佛教人物（图4-51）。

　　当地的神庙体现出当地的建造技能，也表达了人们对神的崇敬。他们尊敬他
们的神，保护他们的宗教传统，因此通过装饰艺术告诉世人关于这些神灵的故事，
这些装饰艺术也表达出了他们的世界观。

　　特利普拉桑德利神庙（Tripurasundari Temple）也是这种重檐金字塔顶，位于
古卢的尼葛尔村（Naggar Villiage），尼葛尔曾经是古卢国的首府。神庙供奉的是
曾经古卢地区拉贾家族的氏族神——库尔天神，所以在古代很有威望，也受到了
人们的敬仰（图4-52）。

　　神庙以及它的附属建筑建造在一块较缓的坡地上，主体建筑都位于一条轴线
上。入口处有一个独立的门廊，门廊的墙体为德波麦德墙体（Dbol-maide），很
明显经过了精细的砌筑，墙体中的木结构上雕刻着几何图案，门廊顶部突出的山

图 4-51　西迪姆巴·戴维神庙入口

图 4-52　特利普拉桑德利神庙

花上雕刻着象头神甘尼沙（图4-53）。通过门廊，首先看到的是一条通向主殿的长廊，长廊内部有两种立柱承重，一种是和门廊墙体风格一致的德波麦德式立柱，另一种是雕刻精美的木柱。长廊的顶部有一层高度复杂的木构架，类似于中国古代的抬梁式结构，使得门廊从外部看就像一个底层架空的建筑。木结构梁上雕刻着几何图案（图4-54、图4-55）。在长廊的尽头处，两边各有一个歇山顶的小亭子，里面供奉着湿婆的象征物。通过长廊，最后映入眼帘的是神庙的主体部分，一个重檐金字塔顶的神庙。神庙建在一个石基座上，第一层墙体为干石直接砌筑在基座上，正面为圣殿大门，其他三面凿有壁龛，龛内供奉着神灵雕像。第二层的周围有一圈木质的围廊，墙体为石木混合墙体，四周的窗框上都装饰了精美的雕刻，有神灵、植物、人物等。第三层看起来就是第二层的重复，但是墙体则全部为木质，雕刻则更为精细。二、三层的顶部都覆盖着去掉塔尖的金字塔形屋顶。最上层是一个圆锥形顶盖覆盖，顶部有金属装饰（图4-56）。在主殿的旁边，还有一些办

图4-53　入口处门廊

图4-54　长廊内部

图4-55　长廊顶部木构架

图4-56　特利普拉桑德利神庙主体

公功能的附属建筑，主体为木框架结构，墙体中填充了部分石材。虽然现在已经废弃，但建筑上的雕刻仍然清晰可辨，除了一些几何形状，还有"八瓣莲花"。由于附属建筑的功能已经不复存在，所以当地相关部门也没有对它进行保护或者修复。神庙其他的部分则已经在1989年重建或修复过，雕刻也进行了更新（图4-57、图4-58）。

图 4-57 特利普拉桑德利神庙附属建筑

图 4-58 附属建筑上的雕刻

位于古卢地区浩克汗村的阿迪·梵天神庙（Adi Brahma Temple，图4-59），在笔者论述村落实例的时候提及过，位于浩克汗村的中心区域，是整个村落的文化

图 4-59 阿迪·梵天神庙及其周围

图 4-61　阿迪·梵天神庙墙体

图 4-60　阿迪·梵天神庙

图 4-62　阿迪·梵天神庙走廊列柱

和活动中心。阿迪·梵天神庙被当地的雕刻艺术家在几十年前发现，建造年代不详，但从风格和建造方法上判断应建于中世纪。神庙的建造是为了供奉宇宙的创造之神梵天。在印度供奉梵天的神庙并不多见，古卢地区共有四座，其中阿迪·梵天神庙是保存最完好、建筑和雕刻最为杰出的一座（图 4-60）。这座神庙周围有围墙，入口处有一门楼，经过门楼，便可进入神庙前的铺地。神庙的建造技术和雕刻工艺都是空前的。它的墙体、柱子、走廊、窗户、门框都装饰了精美而华丽的雕刻。墙体为当地的卡特库尼墙体，但是墙体中的石材经过了精细的打磨，木材也经过了完美的雕刻（图 4-61、图 4-62）。

圣殿前走廊上的立柱风格与之前所述的不同，全部为木质，柱身形成一条弧线并附有细致且精美的雕刻。立柱之间连接着拱券，拱券上同样有精美的雕刻（图 4-63）。门框是内嵌式的四层，一、二层雕刻着植物图案，三、四层是人物和几何图案（图

图 4-63　阿迪·梵天神庙门框

4-64）。神庙顶也是重檐
金字塔式屋顶，共有四层。
与之前所述的重檐金字塔
顶不同之处在于这座神庙
的屋顶上运用了大量的斜
撑，这在喜马偕尔邦的神
庙建筑中是很少见的，而
常见于尼泊尔地区的神庙
中。一、二、三层顶是逐
步内收的去除顶部的金字
塔形，斜坡上覆有板岩
片，都有木质斜撑。斜
撑也比较精致，呈波浪
形。第四层顶是一个小
型的歇山顶，山脊上有
金属装饰（图4-65）。
在神庙的前广场上我们
发现了一些寺庙上残留
的遗迹，说明这里早期
是一个纳加拉式神庙，
后来被现在的重檐金字
塔顶的神庙所替代。

（5）混合屋顶

混合屋顶是两坡、
斜面、单坡屋顶的组合，
有几种可能性。这类神
庙过去可能是歇山屋顶，
但一段时间之后，它们
也许经历了重大的修改
和修复，形成了如今复

图4-64　阿迪·梵天神庙屋顶斜撑

图4-65　纳加拉式神庙的遗留物

图4-66　萨克提·戴维女神庙

杂的混合屋顶形式。屋顶风格的复杂性表明了当地传统建筑形式的演变过程，不断变化的组合屋顶也表现出了当地工匠建造水平的提高以及他们的想象力的突破。

位于昌巴县克哈特拉里村（Chhatrari Villiage）的萨克提·戴维女神庙（Shakti Devi Temple）

图 4-67　湿婆·帕尔瓦蒂神庙

就是这种屋顶的一个典型，它处在一个神庙建筑群中（图 4-66）。整个建筑群最突出的建筑就是处于它中心的萨克提·戴维女神庙，神庙上的雕刻非常精美华丽，主殿朝向东北方向。除此之外还有两个规模较小的神庙，分别是湿婆·帕尔瓦蒂神庙（Shiva Parvati Temple，图 4-67）和湿婆·林伽神庙（Shiva Linga Temple，图 4-68）。湿婆·帕尔瓦蒂神庙是歇山顶，与萨克提·戴维女神庙的空间布局类似，但它的雕刻和规模都不及前者。湿婆·林伽神庙是这个神庙群中最小的神庙，四面都是开敞的，周围的柱列支撑着一个四坡屋顶。主殿的屋顶是混合型的，上面覆盖着板岩片。主殿的前侧有阳台和两个前室，供人们夏天的时候坐在地板上虔诚地祷告。外围的走廊则是单坡屋顶。主殿前的两个前室是简化的四坡屋顶，整座庙宇坐落在凸起的石头基座上。这个建筑群中还包含一个小学校，也使用传统石木混合建造技术。在神庙周围还有一些其他当地公共建筑。建筑群的地面都经过了铺装（图 4-69），其空间俨然已经变成村子节日和集市时的聚会中心，傍晚的时候这里还会成为

图 4-68　湿婆·林伽神庙

图 4-69　神庙群周围建筑与铺地

村落里年轻人的运动场地。

萨克提·维戴神庙外墙上描绘着丰富的彩画，叙述着印度伟大的史诗《摩诃婆罗多》中的故事以及克利希那神的故事。这些壁画是建造者的后代在18世纪时请人

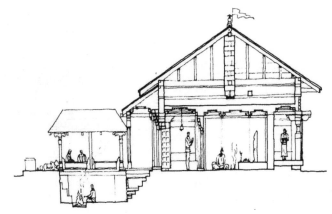

图 4-70　萨克提·戴维女神庙剖面示意图

刻画的，后来为了保护暴露于环境中的壁画，在外围环形的12根列柱中插入了木板，阻止了自然光，但从外面几乎看不到壁画（图4-70）。通过两扇门可以到达神殿内部。从平面看来，入口落在一根直线轴上。圣殿内的萨克提·戴维女神的雕像立于一个莲花基座上，由八种合金制成，头上戴着很大的王冠。精美的神像雕塑是印度最高艺术形式的一个典范。

萨克提·维戴神庙的结构是梁柱结构，主要建造材料为喜马拉雅雪杉木，基座和屋顶的主要材料是石材。神殿的内墙由毛石砌成，用木柱来承重。围绕走廊一圈的列柱用来承受木屋顶的重量。屋顶的木质框架由两根法拉克立柱支撑，这种立柱支撑的屋顶主要特点是顶部以90度角重叠放置着两根矩形截面的椽子，搭接处有空隙（图4-71、图4-72），经常用碎石填满。椽子形成了互锁的结构，并用木钉固定住。屋顶的框架由两层构成，一层是木板，还有一层是用钉

图 4-71　萨克提·戴维女神庙立柱

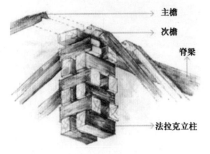

主椽
次椽
脊梁
法拉克立柱

图 4-72　屋顶承重构件

子固定在木板上的板岩片。

　　萨克提·维戴神庙上的雕刻集成了大师精美的古典主义雕刻和充满生机的地方民间雕刻。外围回廊的天花板上布满了雕刻，也有一些灯饰。图案都是统一的，唯一的变化就在于不同大小的面板上的图案比例。每块面板的角落处雕刻着飞天神的形象，非常精细，中间是一朵莲花，其余的地方雕刻着变化多端的植物群和动物

图 4-73　圣殿内顶部天花装饰

群。内部天花板上的雕刻也很丰富，但没有人物图案（图 4-73）。神庙最外部大门的门框有七层，层层内嵌。门框上的木雕很小，是几何图案的浅浮雕，只有在最内层的门框，雕刻着人物图案和神灵的形象（图 4-74）。相比于入口处的大门，内部的门雕刻更加丰富，包括六层内嵌的门框。在这个偏远的地方能够看到如此优美的女神像，证明了喜马拉雅山是一个重要的朝圣点，精美且丰富雕塑也表明了印度教宗教建筑形式已被带到这个遥远的地方。

　　混合屋顶的神庙还有一个著名的实例，即位于西姆拉的萨拉罕村（Sarahan Village）毗摩卡莉神庙（Bhimakali Temple）。毗摩卡莉神庙建于 18 世纪，是山区一个重要的神庙，和周围美丽的山区景色相融合，组成了一幅美丽的画卷（图 4-75）。整个建筑群建在一个坡地上，从入口开始缓缓升高，整体看来是附属建筑群围绕着两座高耸的主体建筑。这座建筑群曾经只有一座高耸的神庙，但建筑

图 4-74　萨克提·戴维女　图 4-75　早期的毗摩卡莉神庙建筑群
神庙圣殿门框

构件随着年代而老化，影响了内部功能的使用。所以后期人们在旁边建造了一座外观与之前类似的神庙，屋顶和规模稍有差距，形成了现在神庙的主体，而之前的那座神庙则变成了附属建筑（图4-76）。这座现已成为"附属建筑"的神庙也可称为城堡神庙，因为最初具有城堡的功能，只有三、四两层作为神庙之用，后期则全部作为神庙了。这座年代久远的神庙有四层，第一、二层的墙体为卡特库尼墙体，墙体的四周有窗户，开口很小，第三层四周环绕着木质封闭走廊，只有少量开口，曾经

图4-76　现在的毗摩卡莉神庙建筑群

图4-77　旧毗摩卡莉神庙

作为防卫瞭望的作用。第四层的四周也环绕着木质走廊，比第三层的面积大，有立柱、拱券和雕花，为殖民时期风格，这也是这座"城堡神庙"最精美的地方。屋顶则是歇山、攒尖、两坡的组合式屋顶，最上层是一个圆形攒尖顶盖，顶部有金属装饰。三、四层曾经供奉着女神卡莉，现在为了保护这个建筑遗产，内部功能已经不再使用（图4-77）。后期建造的神庙也是高耸的城堡型，但卡特库尼墙体一直延伸到了第三层，这种做法可能一是为了与之前的建筑相融合，二是使之在结构上更加牢固。虽然也为四层，但是外形显得更加高耸。第四层的周围有一圈殖民时期风格的走廊，顶部也为混合式屋顶，类似于多个歇山顶的横向重叠。最上层是一个小型的歇山顶，顶部有金属装饰（图4-78）。

　　现在这个神庙建筑群已成为该地区的标志性建筑，有大量的游客前来参观，所以神庙建筑群周边的附属小型建筑的功能变成了作为小型商业或者办公、展览等之用（图4-79、图4-80）。

图 4-78 新毗摩卡莉神庙及入口

图 4-79 毗摩卡莉神庙周边附属建筑

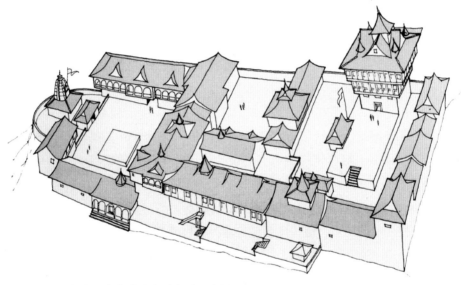

图 4-80 早期的毗摩卡莉神庙群鸟瞰示意图

第三节 喜马偕尔邦佛教寺庙的起源与发展

众所周知，佛教产生于印度，却在东亚（包括中国、韩国和日本）和东南亚发扬光大，广为流传。佛教产生并流传于古印度，时间上大约在公元前 6—前 5 世纪时期。佛教的创始人为释迦牟尼（前 565—前 485），在释迦牟尼传法的 50 余年里，佛法已传播到中印度的 7 个国家，范围超过 12.95 万平方公里。孔雀王朝时期由于阿育王对佛教大力推崇，佛教达到了发展史上的第一个高潮，全国各地开始兴建佛教建筑。从迦腻色迦王（约 78 —120）统治时期直至 5—6 世纪，佛教在印度发展到了最巅峰状态，当时佛教建筑遍布各地。8—9 世纪以后，由于印度教的兴盛，佛教僧团日益衰败，内部派系纷争不已，从而日趋式微。后来又由于伊斯兰教的大规模传播，重要寺院被毁，僧徒星散，到 13 世纪初，终于一蹶不振趋于消亡。19 世纪末，在印度沉寂约 700 年的佛教出现了复兴运动。现今印度的佛教教徒虽然人数很少，但在印度的思想文化界颇有影响。

佛教早期在喜马偕尔邦的影响可以追溯到公元前 3 世纪的阿育王时期，当时阿育王在全国各地建造了大量的佛塔，根据玄奘的《大唐西域记》中的记载，有一个佛塔位于古卢山谷，现已不复存在。7 世纪西藏开始从印度引入佛教，而西藏大规模的引入和群众广泛信奉佛教主要在 10 世纪以后。7 世纪，统治西藏地区的国王松赞干布派人到印度学习佛教知识。749 年，莲花生大士和他的随从在喜马拉雅西部地区建立了藏传佛教。据说莲花生当年在门迪地区的错贝玛莲花湖冥想了很多年。直到 10 世纪，藏传佛教传入喜马偕尔邦。仁钦桑布（959—1055）曾经在喜马拉雅地区传播佛教。在喜马偕尔邦拉豪尔、斯必提和科努尔等地区传播，然后去了拉达克、西藏、尼泊尔（Nepal）、锡金（Sikkim）、不丹（Bhutan）等地。仁钦桑布对藏传佛教的推动使其在喜马拉雅地区影响非常大，藏传佛教也吸收了许多印度的宗教信仰和文化，佛教寺院艺术和建筑因此经历了翻天覆地的变化。古格王朝对藏传佛教寺庙的建筑规划具有很大的影响，11 世纪时就将斯必提地区的塔波寺进行了翻新。在藏区由于宗教的战争及被侵略的历史，藏传佛教的寺庙外观极其像堡垒，选址位于山顶处。1300—1850 年，在西喜马拉雅地区山顶佛教寺庙发展的例子最显著的是喜马偕尔邦的纪伊寺及拉达克的赫密斯寺庙。

近代，藏传佛教对喜马偕尔邦地区的影响主要是在拉豪尔与斯必提地区。除此之外，达兰萨拉是印度北部喜马偕尔邦康格拉县的一个城镇，从 8 世纪开始，已有吐蕃人移民至此。在十四世达赖喇嘛逃出西藏后，达兰萨拉成为流亡集团主要的活动中心。

第四节　喜马偕尔邦佛教寺庙实例

1. 纪伊寺

拉豪尔和斯必提地区的景观就是周边崎岖的高山和贫瘠的荒地，零星地散落着一些村庄，和拉达克地区类似。由于宗教原因，直到 20 年前左右，这个地区才向外国游客开放。

在斯必提河旁，有一座庄严且神秘的藏传佛教寺庙——纪伊寺（Key Monastery），也被称为斯必提纪伊寺，位于海拔 4 166 米的山顶上，它是斯必提峡谷中最大的佛教寺庙，也是该地区的藏传佛教中心。从远处看，这个寺庙立于山顶处，周围围绕着一些西藏风格的单体，堆砌在山坡之上，层次感极强，远远望去如同一座坚实的堡垒，再加上它独特的地理位置和周围美丽的自然风光，吸引着世界各地的旅行者。

纪伊寺是斯必提地区历史悠久、规模最大的佛教寺庙，据说是由仲敦巴[1]于 11 世纪建造，在当时与噶当巴寺同属于噶当派[2]。14 世纪，蒙古人帮助萨迦派取得了该地区的势力，并损毁了当时的噶当巴寺，噶当派势力逐渐减弱。在 17 世纪时，纪伊寺又受到了蒙古人的袭击，随后被黄教夺取。1820 年，拉达克与古卢的战火影响了斯必提地区，纪伊寺被洗劫一空；1841 年，道格拉军队损毁了纪伊寺的建筑结构，之后锡克军队又袭击了纪伊寺。19 世纪 40 年代，纪伊寺被大火烧毁，因此修缮纪伊寺的工作也在不断地进行着。经过 1905 年的大地震，印度考古测绘局和国家公共工程部共同修缮了纪伊寺，使之成为现在所呈现出的样子（图 4-81、图 4-82）。纪伊寺庙是早期佛教寺庙建筑一个显著的例子，在藏传佛教的影响下建成。纪伊寺共有三层，地下一层用做存储空间的地下室，其中有一个房间，叫做丹珠尔，以《大藏经》第二部分"丹珠尔"命名，室内墙壁有着精美的壁画。

图 4-81 纪伊寺及周边 1　　图 4-82 纪伊寺及周边 2

1 仲敦巴，又译仲顿嘉威炯乃，1008—1064 年，印度佛教大师阿底峡尊者的弟子。阿底峡尊者圆寂后，他为尊者的舍利建塔供奉，而尊者的弟子则跟随他继续修行。
2 噶当派（Kadampa）与萨迦派（Sakya）、宁玛派（Nyingma）、格鲁派（Gelugpa）等都属于藏传佛教宗派。其中格鲁派又叫黄教，宁玛派又叫红教。

地上一层中间有一个装饰精美的集会大厅，周边有很多供僧侣生活和修行的单元间。从 14 世纪开始，纪伊寺受中国西藏地区文化的影响，成为一座具有东方建筑风格的藏传佛教寺庙。寺内有很多具有美学价值的书籍和壁画，也珍藏着各种佛像雕塑，是一个东西文化交流的场所（图 4-83~ 图 4-85）。

纪伊佛教寺庙现在属于格鲁派寺庙，其他两个也是位于斯必提地区的塔波寺和庄泽寺。虽然这些寺庙都位于印度，但它们住持的宗教头衔都只能由拉萨授予。纪伊寺拥有大约 250 名信徒，冬天他们在寺庙中修行，夏天出来到田间劳作，或帮助前来的旅行者搬运物品。

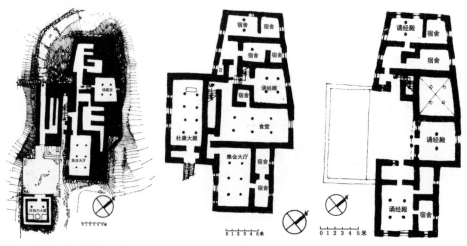

图 4-83　纪伊寺地下一层平面　图 4-84　纪伊寺一层平面　图 4-85　纪伊寺二层平面

2. 塔波寺

塔波寺（Tabo Monastery）坐落在斯必提谷的塔波村（Tabo Villiage），建在一块平地上，由藏传佛教的传播者、喜马拉雅西部地区古格王国的国王伊西建造于 996 年。塔波寺有大量的壁画描述了佛教众神的故事，收藏了许多无价的卷轴画、手稿，保存了大量完好的雕像、壁画等，精美的佛教壁画几乎涵盖了所有的墙壁。由于木质结构的老化和壁画的消退，这个寺庙一直在翻新。1975 年的大地震之后，寺庙被重建，1983 年建造了新的杜康大殿和集会大厅。塔波寺是印度重要的世界文化遗产，受到印度考古测绘局（ASI）的保护（图 4-86）。

为了连接从拉达克到木斯塘等地区，当时的古格国王修建了一系列的交通路线，并在这些路线上建造了寺庙。塔波寺是这个巨大网络中的一员，也是西藏西部阿里地区托林寺的附属寺庙，主要帮助古格王朝在西藏地区对印度大乘佛教进行传播。在 11 世纪通过塔波寺向藏区提供了政治、宗教和经济机构。17—19 世纪，塔波寺和斯必提河上的桥见证这个地区的历史事件和政治动荡。1837 年塔波寺的集会大厅遭到拉达克军队的攻击，受损严重。1855 年，塔波寺共有 32 名僧侣。最初的塔波寺在 1975 年科努尔大地震中严重毁坏，随后被全面修复并且增加了新的构筑物。2002 年，印度考古测绘局对塔波寺进行了结构上的加固，此时寺庙有 45 名僧侣。

图 4-86　塔波寺及其周边环境

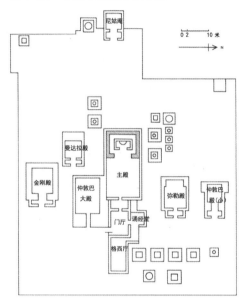

图 4-87　塔波寺总平面

塔波寺现在共包含七个大殿、四个窣堵坡，以及一些石窟（图 4-87）。七个大殿中有四个是遗存的，另外三个是新建的，形成一个组群。中间是主庙，主庙有一个入口大厅，入口大厅放着创始人伊西和他的两个儿子的图像，墙上挂着刻有经文的木板，内壁上画有丰富多彩的壁画和佛教的众神。紧随其后的是一个集会大殿。大殿的西侧是一个供奉神像和祈祷的坛场，主要供奉的是毗卢遮那的雕像，真人大小，坐在莲花宝座上，在其周边放置着 32 个较小的其他神灵的雕塑。主庙内的房间都比较昏暗，开有天窗，窗口比较小。其他四个寺庙的内部也布满了精美的壁画。塔波寺因为内部精美的壁画被称为"喜马拉雅山脉的阿旃陀"，这一时期寺庙内的绘画和塑像同时包含了印度和西藏地区的文化（图 4-88~ 图 4-91）。

塔波寺有四个大殿年代比较久远。首先是金刚殿，这是一个金色的建筑，据说曾经覆盖着黄金。它被拉达克 16 世纪的国王僧格·朗吉翻新过。墙壁和天花板上都覆盖着华丽的壁画，可以追溯到 16 世纪，保存较为完好。内部的人物肖

图 4-88　塔波寺主殿外观

图 4-89　塔波寺主殿内部

图 4-90　塔波寺附属建筑

图 4-91　塔波寺窣堵坡

像和主庙内基本一致，但主要的是金刚持佛。其次是弥勒殿，弥勒殿是一个古老的建筑，建于塔波寺最开始的 100 年，有一个精致的木质门框，内部的壁画则是在 14 世纪完成的。最开始是双层，但在战争中受到破坏，现只剩一层。这里的弥勒佛像有 6 米高，内部的壁画描绘了日喀则的扎什伦布寺和拉萨的布达拉宫。再次是曼达拉殿。曼达拉殿内有一个巨大的毗卢遮那佛的肖像，周围是八个菩萨。其他墙壁上是佛教的曼陀罗图像，这就是僧侣们冥想的地方。最后是仲敦巴大殿，由仲敦巴建于 1008 —1064 年，壁画上有八个医学佛像，并以叙事的形式描绘了释迦牟尼佛的生活，这些壁画可以追溯到 17 世纪。这个规模较小的庙在早期可能用于举行密宗仪式和典礼。

　　建筑群中有四个窣堵坡，内部也有精美的壁画，根据内部壁画推测其中两个窣堵坡应该建于 13 世纪，另外一个窣堵坡内还能发现木雕过梁。塔波寺就像一座坚固的堡垒，墙体为高泥砖墙，非常厚，厚度为 3 英尺（0.91 米），这是由其所处的地理位置和动荡不安的政治环境所决定的。规模约6 300平方米，包含寺庙、纪念碑和僧人的住所等。

小结

由于多个宗教在喜马拉雅地区传播，喜马偕尔邦因此保留有众多的宗教建筑，以印度教神庙和佛教寺庙为主。这些宗教建筑都有其特有的地域性，印度教神庙在此地区分为两大类，一类是与北部平原地区相似的北方式印度教神庙，还有一类则是极具当地特色的德拉风格神庙。这些神庙经历了木制神庙到石木混合神庙的演变，从这个过程中我们可以看出当地社会和文化的变迁在建筑中的连续反映。

早期的印度教神庙中，大多是北方式的石庙，当地特色的木制神庙保存下来的较少，因为木材不同于石材，持久性较差，会受到温度、湿度、自然环境以及人为破坏的影响。鉴于环境条件，木雕刻还需要经常被更新，所以当地的统治者和其他赞助人要聘请当地的雕刻师定期来修复。随着时间的推移，社会和政治的变化，这些历史悠久的神庙现在由政府即印度考古测绘局组织管理。一些不受政府保护的、被忽视的神庙，随着当地传统的改变，在神庙修复时有民间工匠会参与进来，使之与民间建筑的建造方法相结合，促成了木制神庙到木石混合神庙的演变。现在保存下来的神庙在一定程度上受到了周围的民居建筑形式和构造方面的影响，不仅用于建造它们的材料是一样的，施工技术和建造它们的工匠也是一样的。当地人认为，技艺高超的工匠通过神庙来传达上帝语言，并且通过自己对神庙的认知来传承这些传统，但也会通过改变神庙的风格、规模来满足自己的审美喜好。在中世纪，民间工匠很多，当地村民会经常邀请这些大师来分享他们的专业知识。印度独立之前，村民们每年都会有几天被要求来修建这些公共建筑，在修建前还要举行一些特定的仪式。对于他们劳动的回报，则是在不可预知的自然因素中，包括统治者对他们财产的保护，以及祭司对他们灵魂的保护。虽然中世纪的制度已不复存在，但人们对神庙的感情寄托却日渐剧增。

喜马偕尔邦的斯必提和拉豪尔地区，由于具有特殊的地理位置，历史上受到藏传佛教的重要影响，斯必提和拉豪尔地区的佛教寺庙是藏传佛教这一体系巨大的网络中的一体。当地有很多佛教寺庙，可以代表这些地区的主流社会，建筑的形式也比较拘束，大部分寺庙和宫殿的空间组织都与西藏地区极为相似。

第五章　喜马偕尔邦传统居住建筑

第一节　外喜马拉雅山区民居建筑

外喜马拉雅山区，即西瓦利克山脉地区，地处山脚区。由于气候适宜，这一片区的人口也是喜马偕尔邦最多的，包含了喜马偕尔邦的比拉斯布尔、哈密尔普尔、康格拉、乌纳和门迪海拔较低的地区、斯尔毛、西姆拉和索兰等。

外喜马拉雅山区气温比较适宜，房屋一般为两层，超过两层的房屋在这个地区很少见，这可能是因为在美学和使用功能的角度上来说，二层最为合适。房屋以聚落的形式建在山坡中地势比较平坦的台地上，一个聚落就是一个社会群体。

1. 外观分析

如图 5-1 所示，这种民居的房屋前侧会有比较宽敞的走廊，由于当地降雨较多，屋顶也较倾斜，屋檐出挑比较多，这样可以保护室内空间不会受到暴晒以及暴雨侵蚀。外墙由石头砌成，倾斜的屋顶上覆盖着板岩片。屋前有一个开放的院子，院子的一个角落安放牲畜棚，院子的其他地方用来处置家庭杂务，院子是建筑中最活跃的空间，保持它的整洁很有必要。房屋的周围用毛石堆砌起来的围墙划定每户的界线。屋顶是单坡倾斜的，上面覆盖着板岩片，风格则比较美观和统一。板岩片从附近的德哈山脉取材加工而成，对于当地人来说，用这些石材既实用又方便。在走廊必要的地方会用立柱来支撑屋顶（图 5-2）。

图 5-1　外喜马拉雅山区民居外观

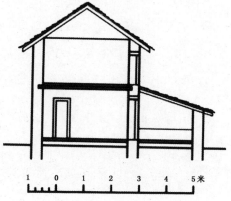

图 5-2　外喜马拉雅山区海拔稍低区民居剖面

外喜马拉雅山区这类房屋很多，与周围的环境和谐地融合在一起，整体看来是一种精致的乡村住宅类型。

2. 平面分析

房间单元的尺寸一般是 3.04 米 × 3.65 米或者 3.65 米 × 4.27 米。一层是厨房、餐厅和储藏间，走廊的一端是厨房，层高在 2.5 米到 3 米之间。房屋的二层仅仅是局部的，厨房和走廊部分只有一层，二层的层高在 2 米到 2.5 米之间。因为地区海拔相对较低，所以一层对外开敞的房间相对危险和潮湿，二层的房间较安全且通风良好，特别在夏季和雨季能够体现出来，人们通常居住在二层（图 5-3）。

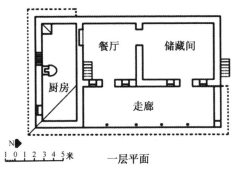
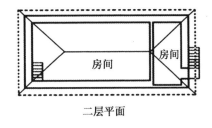

图 5-3　外喜马拉雅山区海拔稍低区民居平面

3. 内部空间分析

房屋内厨房的地面比门前的走廊高出一些，内部禁止穿鞋，这样做是为了保持空间的神圣性。一层的厨房墙上设有壁龛，用来储存厨具等，房间中间有一个泥炉，家庭成员可以围着它坐在地上。当地人认为，厨房需要充满生气，所以他们会一直在厨房内生着火，因为火的熄灭被看成一个不好的征兆。屋内没有烟囱，烟只能从门排出，因此厨房的墙壁和天花板会被烟熏黑。在厨房的一个角落中有一个正方形的水槽，供家庭妇女洗刷餐具等（图 5-4）。

图 5-4　厨房内泥炉

4. 施工工艺与材料分析

在这些地区，有大量打磨好的砂岩可提供给人们建造房屋，质量比较好的石材被用在房屋的基础和第一层，经济条件允许的家庭也把它用在第二层，而大多数的家庭在二层用的是晒干的泥砖。

建造房屋的第一步是选址。当地人想要建造一个房子时，他们会聘请地方一些较有威望的人来选址。靠山一面为阳坡，背靠大山，在向阳面可以拥有更广阔的生活基地，而且大山也可以挡风，较少受到山区寒气的侵袭，有利于在村庄周围种植庄稼和绿化。

第二步是开挖地基。选址完毕后需要在一个定好的日子开始挖掘基础，大概挖掘1米的深度，随后将挖掘好的基坑暴露在外几天，目的是晒干土质中的水分。之后进行夯土，填充半米深的毛石并人工夯实，空隙中填充泥土、石灰砂浆等黏结材料。

第三步是砌墙。基础内的墙体厚度为60厘米，基础之上的墙体厚度通常为45厘米。基座的高度各地则不同，在岩石多、不平坦且排水良好的地段一般是22~30厘米；在海拔较低、地形比较平坦的地区可达到45~75厘米。在墙砌到基座时，门的位置要标记好，安放门框之前要举行一个当地的仪式。在墙砌到窗台的高度时安放窗框，同时也要考虑到室内壁龛的位置，门窗以及壁龛的上面都没有过梁，只有一个厚实的木板安放在开口上。当墙的位置达到一层的高度时，需要在设定好的位置安放横跨房屋进深方向的木梁，这些木梁的上方是30厘米厚的地板层，在地板层的上方开始砌二层的墙体。

第四步是搭建屋顶。房屋的墙体全部完成后，搭建屋顶，成对的椽子搭接在外墙上形成等腰三角形。椽子的顶端搭接处安置大梁，整个屋顶结构都用角椽和檩条来加固。檩条的上方，用钉子固定着板岩片，重复铺设几层，边缘处挑出15厘米，主要是防止雨水的渗入。屋顶完成之后，将举行一个隆重的庆祝仪式。

最后一步是室内的施工。外部结构全部完成后，室内的工作便开始了，地面层的最底层是在基础内的墙体上敷设木板，一些经济上不足的家庭使用竹子、芦苇甚至树枝等来代替。然后是水泥砂浆层，即先施黏土和黏合剂，然后施水泥砂浆，当表面半干时，在表面铺上一层牛粪来填补缝隙，最后铺上一层光滑的卵石，一直等到地面风干。在铺设二层的楼板时，会在角落里留下一块活动楼板门，通过一个室内的梯子便可以在室内到达各层，但外部的楼梯仍然是必要的。通常情况下，窗户不会放在房屋背面靠山的那堵墙上，而是在向阳面。窗户上没有百叶，但是会有铁窗栅。

这些步骤完成后，则要在外墙和内墙上涂上泥浆，保证墙面的光滑，有的家庭会在地面以上70厘米的高度涂上彩色的涂料，还会在墙上画一些植物、动物、图形等装饰，这些工作以及其他的房屋装饰工作都由家庭妇女按照自己的喜好来完成。

第二节　中部喜马拉雅地区民居建筑

外喜马拉雅山脉和大喜马拉雅山脉中间的地理区域统称为中部喜马拉雅山脉，这一大片区域包含了喜马偕尔邦的昌巴县的南部区域、科努尔县海拔较低的区域、门迪、古卢和西姆拉，这些区域的气候在全年都比较舒适宜人。

这一片区独具特色，随着海拔的不同，气候会从亚热带的夏季过渡到亚寒带的冬季，海拔也从高山区到密林区过渡。4月到6月，高海拔地区比较温暖，低海拔地区比较潮湿。在这一时期，人们住在户外耕种农田和放养他们的家畜。房屋的内部空间几乎没有开口，可以使室温比较舒服。7月到9月是山区的雨季，雨水使小溪和河流得到补充，在此期间山区呈现出一片郁郁葱葱的绿色景象。然而与此同时，山区也易于发生水土流失。突出并倾斜的屋顶为居民提供了躲避暴雨的场所，同时也保护了木质内饰。10月到次年2月，冬季开始，该地区会经历大雪天气。乡土建筑通过较小的门窗、阳台、陡峭并倾斜的屋顶和喜马偕尔邦特有的建造技术来保存热量，疏散积雪和抵御冬天。

1.民居分析

喜马偕尔邦这个片区传统民居的特点即建筑单元基于一个长方体上：最小的房屋由两或三层长方体堆放（一层、二层、三层）而成；大一点的房屋将长方体单元并列安放，然后扩展大的长方体单元一到二层；最大的房屋由三个长方体并排堆叠，再扩展成三层。房屋的大小是由居住家庭的能力决定的，这种能力不仅指家庭的大小，还包括家庭的社会地位和经济实力（图5-5）[1]。

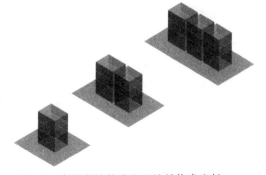

图5-5　中部喜马拉雅山区民居构成分析

1 O C Handa. Himalayan Traditional Architecture[M].New Delhi: Rupa Publications India Pvt Ltd, 2009.

石阶引导人们从山坡进入生活空间，有时比较难走的地段搭建了坚固的木质阶梯。内部空间由固定的木楼梯、扶梯来联系，在设计和建造房屋的阶段基本设施都已被仔细考虑。作为空间之间相连接的楼梯有几种类型，主入口的楼梯经过精心设计，必须保证人和货物都可以从地面进入。建筑物内部的楼梯较小，用于从一层到达另外一层。

传统的建筑在使用中产生了一些更适宜人居的改变。最常见的变化是在房屋一二层增加了阳台，可以是完全开放式，或是半开放式，阳台布置在房子的一边，或者四边，它们是层与层、内部与外部的过渡空间（图5-6）。其他的变化还包括卫生间、洗衣房或作为阳台扩展的存储空间，有时储存空间放在一层，这样增加的空间对在内部的活动或者对外的交流上都有很大的用途。增加或改变的存储空间有时也用于新的用途，比如一个小商店、一个厨房、一个车库或者客房。

屋顶形式多样，通常是两坡屋顶，这种形式模仿了它们周围的山，屋顶的两头的山墙为三角形，形成的屋顶剖面是人字形的。另外还有攒尖型屋顶，这种屋顶大多是由四个三角形的曲面上升汇集到一个点而形成的。歇山型屋顶的出现很好地组织了上升的山墙与屋面结构之间的交叉问题，这种形式有利于雪雨的分散，同时可以保持室内空间的完整性。

（1）选址分析

大多数房屋的长边面朝山谷，背朝山峰，主体结构与山平行。这是因为与山垂直方向的房屋更容易受到地震力和自然力量的不良影响。因为地形陡峭，房屋分散在山间比较高的台地。房屋并不连续，这样不仅可以高度采光，高效地利用空间，而且在自然灾害来临时，房屋不会形成"多米诺骨牌"效应（落在彼此之上）。阳台面采光尤佳，同时在不同的天气都能适宜人居（图5-7）。

（2）建筑材料分析

在中部喜马拉雅山区的房屋建造中，木材使用

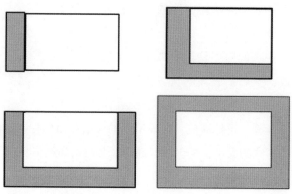

图5-6　走廊形式

得比较多，因为这个地区海拔较低，有大量的植被，在海拔 3 350 米以下植被覆盖率很高，这为建筑提供了大量优质的木材。然而，高质量的石材却很少见，因为可以取得的石材不易被加工，只能被切成薄片，薄薄的板岩片仅仅用于覆盖建筑的屋顶。若想将石材运用到建筑结构中，只能将它以不规则的形状堆砌起来，无需任何黏合剂，而这种建造方法也只能用于挡土墙或一些较小构筑物。所以这个地区的民居和神庙建筑主要用木材建造。

在石木混合墙出现之前，所有的住宅都是木制结构，纯木构建筑在门迪、古卢、西姆拉、科努尔都有发现。虽然这些地区大量种植喜马拉雅雪杉，但是工匠对木材的使用比较浪费，导致了喜马拉雅雪杉的过度砍伐。因此，当地的工匠设计出了石木混合墙体以节约木材应对资源短缺。

（3）内部空间分析

对于内部空间的使用，气候扮演一个重要的角色。在温暖的阳光明媚的日子里，人们大多在房子外面或者阳台上活动，到了寒冷的冬天，人们的日常活动便会移到室内。通过研究民居的内部空间可以了解它们为什么被建造以及怎么被使用，观察民居的特征、内部的泥炉、储藏室、过渡空间，可以了解每户民居的特点以及反映居民的个性。寻找民居的共性是我们研究和认识喜马偕尔邦建筑的第一步（图 5-8~ 图 5-10）。

图 5-7　中部喜马拉雅山区民居聚落

①牲畜房及其他底层用房

几乎所有的牲畜房都在房屋的第一层，当地人饲养牛，并为它们提供食物、安全以及温暖的环境，但牲畜和饲料是与人们的生活空间隔绝的。较大房屋拥有较多的牛和饲料，如果有可能，人们会在一二层之间增加一个夹层来储藏饲料。夹层位于牲畜房中，与第二层楼板相邻。在较小房屋中，牲畜房内会有木梯和活动板门，以供人们在寒冷的天气进入牲畜房为牲畜提供饲料，并且保持牲畜房的温暖和干燥。活动楼板门的尺寸要尽量小，只需一个人通过即可，从而防止房屋内热量的流失（图5-11）。

同时，二层储藏的衣服和过冬的食物，达到了隔离的作用，使动物的气味不会到达顶层。在夏天，牲畜被带到室外的基座上，在二层阳台的阴影下面乘凉。底层还建造一些适用于夏季活动的用房，用于做饭、打扫卫生、存储动物饲料、

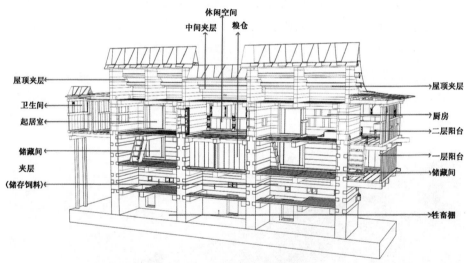

图5-8 一个民居的纵剖面，展示了各个空间的组织关系和功能

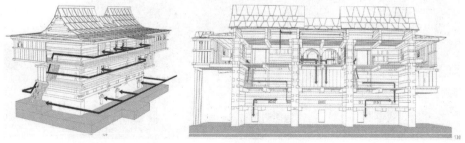

图5-9 民居的外部垂直交通关系　图5-10 民居的内部垂直交通关系

储放农业和建筑工具。这些活动不需要使用到室内的房间，在室外进行即可。额外添加建筑的数量和大小取决于家庭的大小、可用的土地和家庭的经济情况以及社会关系等。

②储存空间

房屋的中间层（二层或错层）用于存储物品，通常会有完整的一个房间被用做粮仓。但一般规模的房屋则是一个综合的储存室（图5-12），里面放有木质储存箱、橱柜等用以储存粮食、蔬菜、床上用品和衣物，这里会储存足够的食物和必要的材料一直持续到天气变暖。储存空间相对比较昏暗、独立和紧凑，这不仅可以满足保持食物的凉爽和

图5-11　牲畜房

图5-12　储藏室空间内部

安全的需要，也可以防止天然材料发霉。居住于顶层的人可以通过内置的爬梯和楼板上的活动门进入这一层，在室外则通过阳台上的门进入。储藏室的门和牲畜房的门一样小而密封。

③居住和烹饪空间

顶层是每个民居建筑的中心，包括厨房和居住的空间，在较大规模的房子中，还有正式的房间用来招待客人。屋内的厨房是最重要的空间，家庭中的女性大部分时间待在这里。

厨房里都有个泥炉，砌在一个高出地面的台面上，每个泥炉根据不同的烹饪风格、家庭规模呈不同的形状和大小。有些家庭引进了现代的灶具，这些灶具方便适用，因为产生的烟比较少，所以可以放在房间内任何地方，也不需要专门的

排烟口（图5-13）。顶层也
是展示个人物品的地方，包括
家庭照片或者家庭成员外出旅
行带回来的物品，也可以是一
个供神的神龛，神龛是民间宗
教信仰的体现。回忆、成就和
信仰都可能出现在顶层的房屋
内，同时居民的热情好客也在
这里得到体现（图5-14）。

图 5-13　厨房内的泥炉　　图 5-14　厨房内的储物柜

　　顶层的起居室和厨房都
经过精心设计，墙上布置了内
置的小阁子、橱柜，用来储
放家庭成员的私人用品或者厨
具。殖民时期风格的分割墙常
被用在房屋内部，以保证相对
私人的空间。人们生活的距离
比较近，所以如何分配空间是
很重要的。女性管理厨房区
域，橱柜用来存放她们的生活

图 5-15　居住空间　　　　图 5-16　主人的收藏

物品。男人睡在房屋里远离厨房的一边，有专门的铁橱柜或者木箱子供他们储放
私人物品。有的起居室和厨房供有当地民间神灵，内墙上的神龛通常位于墙体的
下半部分，方便家庭成员以坐姿祈祷（图5-15）。

　　这些坚固的房屋对当地人来说既方便实用又可以展示他们的精神世界，主人
通过涂料、雕刻等来展示他们的个性、美学素养和社会地位（图5-16）。

　　④ 过渡空间

　　建筑中的过渡空间是指连接内外部场所之间以及内部场所之间的空间，在民
居中过渡空间包括建筑底层的基座、楼上的阳台和垂直连接上下空间的楼梯。这
些狭长的空间在尺度、形式、风格上都会有所变化。

　　从底层开始，"基座"是我们看到的第一个过渡空间。它由岩石块在基础上
分层堆砌而成，从建筑的底部结构扩展出来，一直超出屋顶的水平投影边界。基

座通常在房子的正前方和两个较短边向外扩展，房子背对着山，所以经常用一块石板来防止滑动的岩石和碎石砸落到房子上。基座是每座房子的必要元素，同时它也是一个共享空间，邻里之间可以在此交流，陌生人也可以在此暂歇咨询。"基座"划定了房屋和房屋、房屋与路之间的界线（图5-17）。

图 5-17 房屋的基座

在这片地区的民居建筑中，木质阳台是最多样化的过渡空间，通常建在房屋的二层与三层，阳台的类型和规模也各有不同。阳台可以只在房子的一侧，也可

图 5-18 阳台内部

以 L 或 C 形包围着建筑，一些阳台甚至环绕整个房屋。阳台作为室内空间和外部空间之间的中间地带，对内是完全开放的，有时设置一个木质栏杆作为隔挡，或完全阻隔，仅仅在角落和墙的两侧开口（图5-18）。这些木质阳台作为一个缓冲空间，有助于保持室内的温度。大多数传统建筑的二层阳台是半开放或者全开放的，可以作为交通空间使用，有些开放的二层阳台还可以用于晒衣服和谷物。阳台就像"阳光房"，让人们坐着晒太阳，与他们的家人和邻居在上面聊天，在寒冷的冬天吸收来自太阳的热量而得到温暖。

在许多房屋里，三楼阳台是最复杂的过渡空间，有时还有复杂而精美的民间雕刻，以及殖民时期风格的立柱和仿哥特式的尖券，很多装饰元素刻意模仿经过精心设计的宫殿建筑。雕刻华丽的栏杆在当地比较常见，装饰的精美程度可以看

出主人的社会地位。阳台
内有特意开出的观景窗
口，可以让屋内的人观看
到外面的风景，内置的长
椅用来招待客人。人们在
阳台上可以做很多事情，
主妇们烹饪前的准备工
作也阳台上进行，然后
才进入厨房烹饪。阳台
有一些家具，供家庭成

图 5-19 阳台外观

员在阳台上聚会，孩子们在此做作业（图 5-19）。阳台的门较厚，材料是喜马
拉雅雪杉木，较厚的门隔离出室内和室外，保持了室内温度。只有天黑后，当
寒冷开始降临，人们才进入室内，进入一个相对安静的空间。天黑后，唯一还
被使用的阳台空间，是在阳台上添加的卫生间，它们是一个封闭的悬挑出去的
立方体，下面会有架空的立柱来承重（图 5-20）。

　　在传统的房屋中，楼梯是将房子的所有部分连接起来的主要垂直构件。在
建筑外部，正面或侧面会有石阶，连接平地到建筑物的基座。其他的外部楼梯
则是木质的，木楼梯在室内使用得更加频繁。建筑中有三种类型的木质楼梯，
一种是有栏杆的，用来在外部连接建筑的一、二、三层（图 5-21）。一种是固

图 5-20　阳台上的附加空间

图 5-21　建筑外部楼梯

定的爬梯，通常固定于室内的地板和天花板之间，用于内部一层到另一层的过渡或者通往阁楼的交通联系（图5-22）。还有一种梯子是在房间备用的，它们不固定，可以收藏起来，必要之时用于去储藏间或者谷仓。

2. 民居实例

（1）马诺哈尔·达斯·罗塔先生住宅（Shri. Manohar Das Lohlta House）

图5-22 建筑内部楼梯

马诺哈尔·达斯·罗塔先生住宅现已空置，是旧久布巴尔最古老的民居。对于主人来说这里包含了很多曾经生活中的回忆，但它更大的价值则是为村子里其他村民提供了传统民居建造的方法，它已成为村子里建造房屋所参照的"模型"，是村子中无形的财产。房屋规模不大，有三层，墙体为石木混合（图5-23）。

建筑的一层是牲畜房，一层向阳面的中间有一扇门，相对比较大，足够一头牛通过，朝向山谷。在房屋的背面，石阶已经上升到了二层阳台，阳台为单面，所以建筑的入口只能位于这一边，这和一般的住宅有所不同（图5-24、图5-25）。阳台上有一个通往三层阳台的木质楼梯，三层的四周环绕着封闭阳台，入口与一

图5-23 马诺哈尔·达斯·罗塔先生住宅
透视图

图5-24 建筑墙体

层的方向一致，也在朝向山谷的一面。屋顶是双坡屋顶，在喜马偕尔邦的民居中这种屋顶很多，屋顶上覆盖着板岩片，可以从当地直接取材。

从这所房屋的内部空间组织可以清晰地看出当地居民的一些生活习惯。一层是牲畜棚，屋内的地板由石头铺成，凹凸不平，比较昏暗、潮湿，没有精心地铺装。因为人们不会在这里生活，所以连窗户都没有，但在门的上方有很小的通风口，用于使室内空气流通，也用于蜜蜂进出蜂房。牲畜房的天花板上有夹层，作为牲畜饲料的储藏室。

通过房后面的石阶可以进入二层，二层的门很小，这样做是为了提高室内的保温性能，通过时必须稍稍弯下腰，但由于山区的人身材普遍矮小，所以设计小尺寸的门对于他们来说并不存在障碍。房屋的内墙上涂了一层泥浆。在入口那面墙上有一个很小的窗口，远离入口的一侧也有个很小的采光口。屋内只有一件家具，占据了整个房间的五分之一，是一个大的木质存储箱，固定在正门左侧的墙上，高度为 0.8 米，有四个隔间，每两个隔间有一个大盖子。储存箱用来在冬季储藏谷物和蔬菜。房间内有一个木质便携梯，必要的时候可以用它通往顶层。在寒冷的冬天，人们会关闭所有门来维持室内的温度，内部的楼梯系统为家庭成员提供了方便（图 5-26）。

进入房屋的三层有两种方式。一种是从外面进入，通过木质的楼梯可直达三层的阳台。这是一个围绕着整个建筑的大阳台，既有开放空间，也有封闭空间。然后从阳台上的入口进入，三层的入口面朝山谷。第二种是由内部进入，首先进

图 5-25　二层入口　　　　　　　　　　　　　　　图 5-26　内部楼梯

入二层储藏室，然后通过储藏室内的活动木梯进入，这个入口在大门右边的角落里。进入三层的房间，一眼看到的便是厨房，在大门左边的角落，用矮墙界定着范围，矮墙内是用来烹饪的泥炉。

三屋的墙壁内设置了很多小阁子，用来放置厨房用具和一些小物品。小阁子通常都比较低，方便人们坐在地板上时能够轻易地从中取到物品。墙壁上涂刷有棕色的泥浆，有利于房屋内的保温。泥炉上面，有一个假的天花板，开着一个小的通风口用来排烟。房屋的最上方是一个阁楼，可以存储一些必要的物品。三层是这个房屋生活和烹饪的地方，也是这个房屋的心脏。在这个实例中，我们可以发现所有中部喜马拉雅地区的民居中生活的基本元素（图5-27~图5-33）。

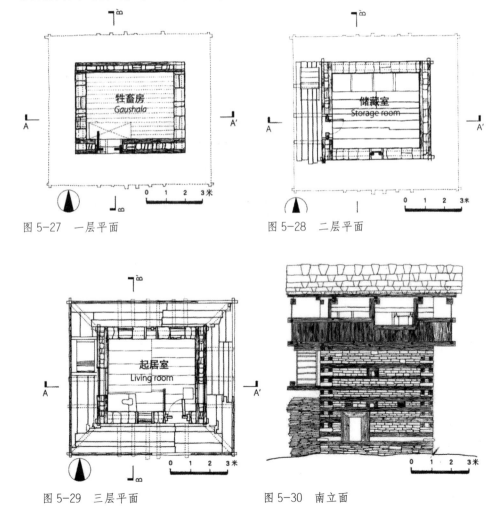

图 5-27　一层平面　　　　　　　　　图 5-28　二层平面

图 5-29　三层平面　　　　　　　　　图 5-30　南立面

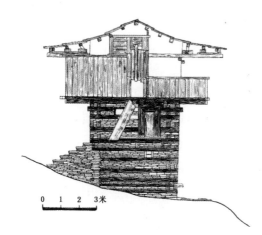

图 5-31　东立面

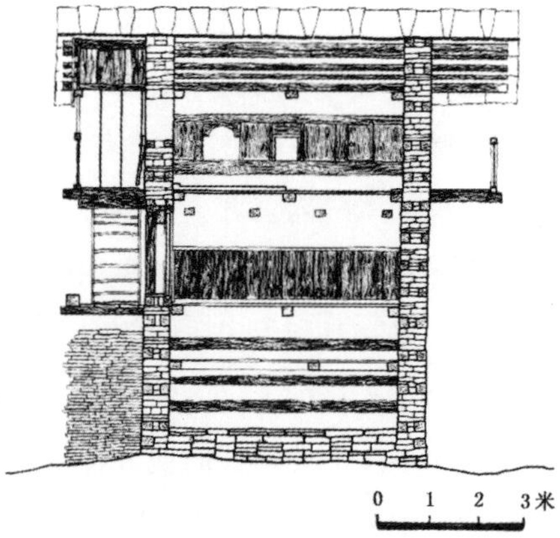

图 5-32　AA′剖面

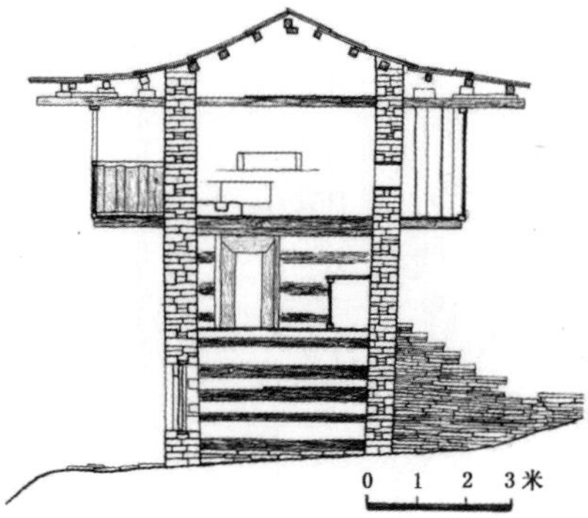

图 5-33　BB′剖面

图 5-34　代温德·辛格·柴哈先生住宅外观

（2）代温德·辛格·柴哈先生住宅（Shri.Devinder Singh Chidgha House）

　　代温德·辛格·柴哈先生住宅位于旧久布巴尔，和一般的民居相比，等级稍高，规模是一般民居的两倍，石木混合墙体，各层的入口都在一侧，入口较小。其主要特色是它的三层阳台及其结构，并且是这个地区典型的房屋和神庙的结合。阳台基本上是全封闭的，栏杆上有精美的民间浅浮雕，所用木材没有经过特别的处理（图 5-34），雕刻的内容是这个地区的植物、动物、蜂鸟等。阳台周围有细长的立柱，柱子顶部是刻有浅浮雕的拱券。阳台是建筑中最活跃的空间，不仅因为它雕刻精美（图 5-35），也因为在这个过渡空间里进行着多种不同的活动。站在阳台上向外看，人们好像置身于一个华丽的宫殿中，可以通过有韵律开放的窗口，远眺风景如画的山谷和村庄。作为一个采光比较好、保护相对也比较好的空间，阳台可以用来晾晒衣物和谷物、准备食物以及接待宾客。阳台在使用上很充分，多用阳台也向我们提供了过渡空间这一概念。有时人们会在阳台或者起居室放置比较小的神灵，这也是当地人的信仰体系之一。

　　这所房子由于空间够大，加建了很多用来储藏和其他生活用途的房间，与最初的结构很多地方不同。由于房屋坐落在陡峭的山坡上，所以从某些角度是看不到这些房间的。房屋中一半的空间还在使用中，另一半是锁着的，内部并没有人生活。空间的组织与其他简单住宅类似，一层是牲畜房，二层是储藏间，三层是生活和烹饪空间，房屋内部通过活动楼梯相互连接。在三层的厨房内，角落里有一个较高的平台，平台上有一个泥炉，泥炉上面有一个排烟口。泥炉的对面是一个煤气炉，现代的厨具不需要排烟口，所以可以放置在房间的任何地方（图5-36）。三层的起居室中，就寝和会客的空间都接近于地面，只有电视机和电灯在较高的位置（图5-37）。建筑受到独特的殖民影响，比如阳台上是西式的立柱和拱券。

图 5-35　阳台上的雕刻

图 5-36　厨房

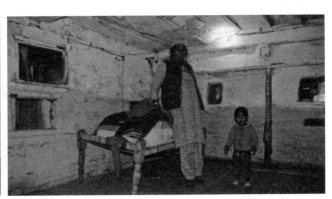

图 5-37　起居室

木雕作为一种美学的加入，也可以显示出这个建筑是技术娴熟的工匠的作品。屋顶是一个两坡顶，在平面上形成"L"形而不是长方形，因为包括了房屋加建的部分。屋顶的两坡顶悬出墙体很多，以利于冬季屋面的积雪坠落，并且分散屋顶的荷载。阳台下面有木斜撑，使用木斜撑对于阳台的牢固和装饰是一个很好的选择（图5-38~图5-45）。

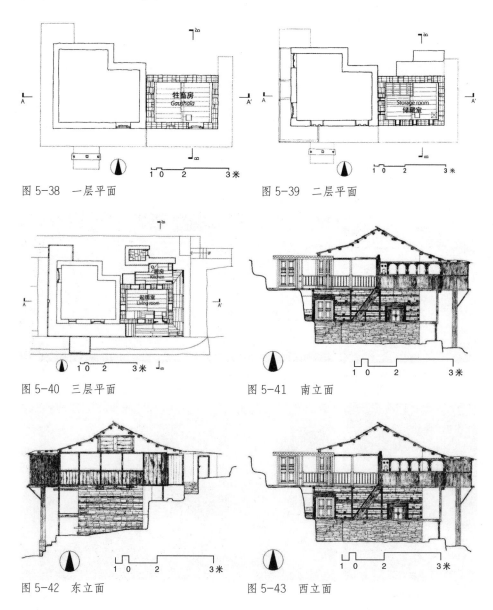

图 5-38　一层平面

图 5-39　二层平面

图 5-40　三层平面

图 5-41　南立面

图 5-42　东立面

图 5-43　西立面

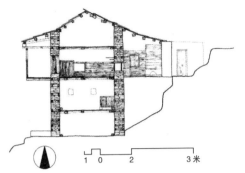

图 5-44　AA′剖面

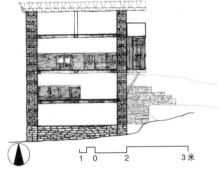

图 5-45　BB′剖面

（3）P. C. 奥塔先生住宅（Shri. P. C. Aukta House）

P.C. 奥塔先生住宅是当地规模最大的民居，内部空间有许多创新的使用方式，包括内置的粮仓和娱乐空间。建筑与山平行，面朝山谷。各层的空间组织和其他民居相同，但它的规模是一般民居的三倍（图 5-46）。

房屋建在一个较高的石基座上，这使得牲畜房冬暖夏凉，也更好地保护了建筑的主体结构，每层的外部都有楼梯（图 5-47）。一层是牲畜房，有三个房间（图5-48）。二层的两边两间是储藏间，中间一间有一个较小的房屋，从外面看完全被隐藏了，可能是以前的主人储藏食物或者珍贵物品的地方。三层是厨房、卧室和会客厅，有三间房。中间的房间专门用来招待客人，房间的一面朝着阳台，由西式列柱和拱券半隔开，整体上是殖民时期风格。房间内部有一对从比利时带回来的镜子，安放在比较显眼的位置，是主人骄傲的国际关系的象征，镜子和房间都是为客人

图 5-46　P. C. 奥塔先生住宅

图 5-47　建筑基座

准备的。

　　三层其他两个房间分别是厨房和卧室。与其他民居一样，厨房有一个泥炉，建在高起的平台上，但不同的是泥炉周围的墙壁一直砌到天花板，都用泥浆粉刷着，天花板上有一个很大的排烟口（图5-49）。各种各样打开的、关闭的、隐藏的小阁子嵌在墙体的内部，除了传统类型的小阁子，还可见殖民时期风格装饰的橱柜（图5-50）。房间里另一部分墙壁用平滑的木板覆盖着。屋顶类似于中国的歇山顶。这个建筑从结构到装饰的木料都展示了卓越的施工技术。建筑的另一个特征是承重墙随着高度的改变石材的使用在减少而木材的使用在增多，在一层比较低的地方，仅仅用了石块，稍高一点的地方，分层木材和石材的搭接才开始。

图 5-48　牲畜房　　图 5-49　泥炉

图 5-50　壁龛

　　这所房屋的很多地方都有木雕刻，包括楼梯、内部储藏间、门框、栏杆的列柱和起居室，这也表明了主人的地位和审美倾向（图5-51~图5-57）。

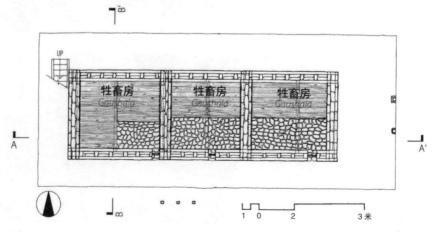

图 5-51　一层平面

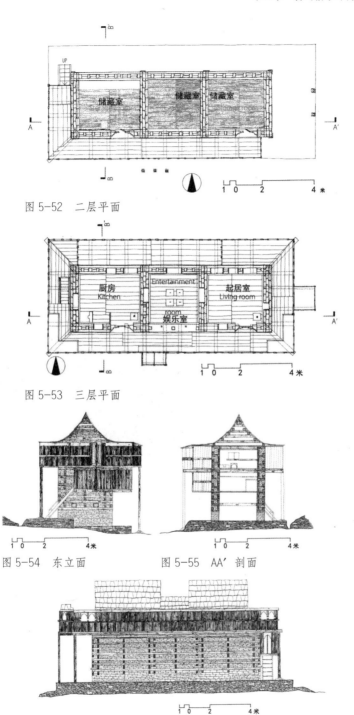

图 5-52 二层平面

图 5-53 三层平面

图 5-54 东立面   图 5-55 AA′剖面

图 5-56 南立面

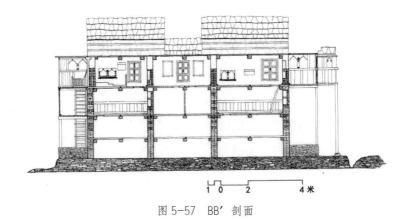

图 5-57　BB′剖面

第三节　大喜马拉雅山脉地区民居建筑

大喜马拉雅山脉地区主要是喜马拉雅山脉的北部区域，包括拉达克、查谟和克什米尔、拉豪尔和斯必提，以及科努尔的高原地区。这些地区就像项链上的珍珠串联在喜马拉雅山脉。较高的海拔、严峻的环境导致这些地区成为地球上最难生存的地方。该地区气候又干又冷，土地贫瘠，除了大量的松树，没有

图 5-58　大喜马拉雅山脉地区民居

其他任何植被。木材和石材同样缺乏，只有在度假区才会被使用到，因此很少有木材或者石材建造的房屋，能提供的建筑材料只有粗糙的片岩、晒干的泥砖。建筑材料和恶劣环境决定了这里的建筑基本都由泥砖砌成，泥砖成为建筑主要的构架材料。虽然泥砖并不是理想的建材，用泥砖砌成的房屋更像是盒子状的构筑物，但是它们和周围的山体很好地融为一体（图 5-58）。

因为气候的原因，为了保证室内的温度，建筑物上的开口较少。建筑物的墙体都由晒干的大尺寸的泥砖砌成，加工好的泥土作为黏合剂填充在粗糙的框架中，墙体便是用这种方法砌成。当地可提供少量石材，所以墙体中嵌入了石头。建筑物的外墙，特别是较高的建筑物，为保持稳定都是向内倾斜收分的。

1.科努尔海拔较高地区的民居

在科努尔海拔较高的地区，民居建筑混合使用了木材和泥石。木材除了运用在房屋主体上，还包括出挑的阳台和屋顶。木框架、石材填充的墙体只在建筑的一层使用，其他层都是木制的，包括屋顶（图5-59）。从建筑结构上来看，整体是木框架结构，建筑的外观是一个方盒子，但不像大喜马拉雅山脉其他地区的泥石建造的建筑那样单调，从远处看，是一个个方盒子在不同高度上的堆积。大多建筑面朝南，白天太阳光能够直接照射到这些房屋上。

图 5-59 科努尔海拔较高地区民居

（1）平面分析

通常情况下，建筑都是三层。一层是牲畜房，内部比较宽敞，层高为 2~2.5 米。房间内仅有一个可供牲畜通过的门，比较低矮，人要是想通过必须弯下身子（图5-60）。由于只有一个较小的入口，屋内比较阴暗。在牲畜房的前方，是一个由栏杆围起的院子。院子也是多功能的，天气好的时候可以放养牲畜或晾晒谷物。在规模较大的房屋中，牲畜房的一部分被用做储藏室，有的加建一个外部的走廊，走廊上设置通向二层的楼梯。

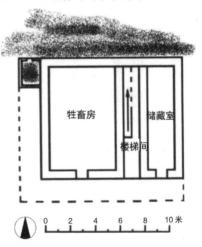

图 5-60 一层平面

二层是储藏间，室外有一个木质楼梯通往二层，室内也有一个活动梯可以连接内部空间。二层的一侧有一个较小的走廊，大门便在这一侧。在冬季，储藏室也作为起居室的一部分，整个家庭围在一个房间里取暖。房间的中间有一个壁炉，壁炉的上方支撑着一个三角桌，用来烹饪。壁炉既可以用于取暖，也可以用于烹饪。二层的地板用的是很厚的木板，架在坚固的梁和支架上，横跨整个房间内。在房屋后面的墙体上开了一个比较小的开口，用来排烟和通风（图 5-61）。

三层通常是房屋的最高层，是人们夏天居住的空间，因此窗和门开得比较多，窗大多朝东。内部的空间被分成了几个部分。入口的旁边有一个分割的小空间，用来储存水，然后是一大间，最后是靠近背立面的一小间，用来储存粮食和谷物。另外一间又黑又不通风的房间是一个杂物储藏间，储存夏天用到的一些生活用品（图 5-62）。

（2）装饰分析

建筑上的木雕刻很值得一提，建筑的门框、窗框和木构件都邀请了当地的木雕工匠装饰以精美的雕刻。雕刻的内容包括一些几何图案、动物、植物等，也有佛教和印度教的传统故事。这些雕刻都暴露在外，表面并没有涂上油漆，因为这个地区的气候又冷又干燥，对木材的保存比较有利。

2. 拉豪尔地区的民居

拉豪尔地区的民居大多面朝东边，成群地建造于山坡中的台地上，窗户开口一般较大，建筑的外表面也处理得比较平整规则。这种房屋在冬季和夏季都很适用，外观简洁大方，但当地一些比较老的民居开口会很小（图 5-63）。冬季这里会有几米的积雪，所以人们大多在室内活动，为了保证不需要接触到外面严寒的环境，室内都会有内置的梯子来到达各层。

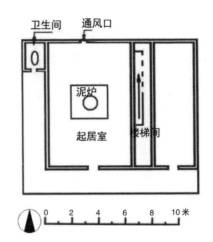

图 5-61　二层平面

图 5-62　三层平面

图 5-63　拉豪尔地区民居

大多民居为三层，基座的尺寸一般为14米×12米。每层的层高至少是2米，一层的层高会比上面的几层稍矮。一层有四个房间，中间有一个宽敞的走道，房间分布在走道的两边，每边有两间。在走道的一边有一个轻质的木梯，通往建筑的二层。前面的两间房屋是牲畜房，用于饲养牛、羊、马等。牲畜房都有一个大门通向户外，内部也有一个门。在冬天，人们可以通过内部的门给牲畜提供饲料。后面的两间房间是储藏室，一间用来储藏动物的饲料和家用的燃料，还有一间用来储藏谷物等（图5-64）。

二层是起居室，在冬季人们基本在二层活动。通过一层走道里的楼梯可以到达二层，楼梯的左侧是一个大房间。在两层建筑中，二层就是起居室，但在三层建筑中，二层房间仅仅在冬天使用。因为这个地区的建筑大多面朝东边，所以在太阳升起的时候前侧的房屋有最大的开口，可以接收最大的热源，然而，人们在冬天更愿意使用后侧的房间，后侧的房间是他们的厨房，冬天的时候人们可以围着厨房中的壁炉取暖（图5-65）。

三层最大的空间为起居室，是夏季人们生活的地方，开窗比较大，可以增加夏季生活的舒适性。室内的某个角落有一架手工纺织机，后面是一个储藏室，用来储藏牛的饲料、燃料、草鞋等各种各样的杂物（图5-66）。

这种建筑的墙体与科努尔地区的很像，然而墙体材料并不是喜马拉雅雪杉木，而用柏木来代替，因为这里的喜马拉雅雪杉极少。房间

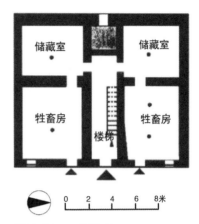

图 5-64　一层平面

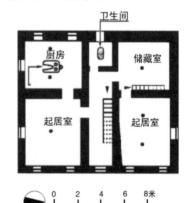

图 5-65　二层平面

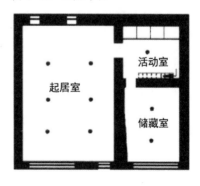

图 5-66　三层平面

的尺寸比较大，用来支撑梁和连接处的坚固的木支撑在每层都可见。

3. 斯必提地区的民居

在大喜马拉雅山脉高原地区藏传佛教根深蒂固，受藏式建筑影响，这些地区建筑的基座看起来都比较大，但实际使用的空间却比较小。墙体厚度取决于墙体的方向，为 75~120 厘米。迎风面的墙体通常比一般的墙体厚，背风面的墙体相对来说薄很多。

除了结构和气候因素，宗教也对社会和家庭生活产生重大影响。在宗教的强制要求下，每个家庭的长子必须成为僧侣。然而在斯必提和拉达克，这被认为是长子的一种优势，长子在家庭中继承了所有的家产并且成为一家之主。当长子结婚后，他开始接管家里的房子和土地，随后次子便到佛教寺庙中成为僧侣并且保持单身，父母则住进比较小的房屋。在这种社会环境和宗教信仰下，很多男人在寺庙工作并保持单身，社会上的女人有了剩余，当地一夫多妻的情况便有了解释。但是现在年轻的男孩和女孩受到了良好的教育，越来越多的年轻人在家乡或者其他地方寻找工作来维持生计，从而减少了未婚女子的数量，改善了一夫多妻制的状况。

斯必提地区的地形非常崎岖，气候常年比较恶劣，干旱且寒冷。这一地区能够用来建造房屋的材料很少，也没有什么植被，是一个雪沙漠。唯一可用的木材来自于白杨木，因此当地人都会在自己的土地上种植白杨。在特殊的现实环境下，当地人不会过多地考虑房屋在细节和结构上的设计，唯一的建造准则就是让人和牲畜都能生活得舒适，有足够的热量和粮食，所以民居的外观看似都比较随意。

建筑的一层有许多房间，中间有一个大厅，这是进入建筑的必经之地。大厅右边的房间用来储藏动物的饲料，后面的房间是供家庭成员在冬季使用的起居室。起居室内有一个壁炉，由于与牲畜房距离比较近，冬季也比较温暖。在起居室的右边是两个较小的储藏室，一个用来储存燃料和食物，一个用来储存日常用品。在最东侧的角落，是一个朝南的卫生间，与生活区距离较远，避免了气味在房屋内部散发。因为房屋的跨度比较大，所以房间中间有 4 根立柱，用来支撑屋顶的横梁。墙体由泥石建造而成，一层没有窗户，唯一的通风口便是门。所有的房间只有朝向大厅的门，向外没有任何开口，从而保证了室内的温度，但也使得室内的光线比较昏暗。居住者可以接受较暗的光线，但不能忍受严寒的天气。为了抵御寒风，迎风面的墙体厚度可达90~120厘米，其他的墙体大约厚70~90厘米（图5-67）。

二层的祈祷室是房屋的一个重要组成部分，室内摆放着佛陀的塑像。在祈祷室的旁边，是一个起居室，中间有一个壁炉，用来烹饪和取暖。起居室的旁边连接着一个小储藏室，起居室的对面是客房，客房旁边有一个通向厕所的小通道，厕所在房屋的一个角落里，和居住的地方保持着一定的距离。二层的房间都开有窗口，窗洞较小，上面装着玻璃（图5-68）。

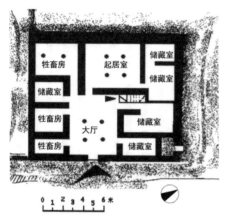

图 5-67　一层平面

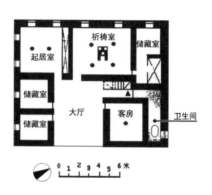

图 5-68　二层平面

小结

山地，自古以来就与人类结下了不解之缘，是人类文明的发源地之一。历史上，人们或利用山地来避免自然侵袭，或凭借山势之险要筑城设防、抵御外侵，或取山势之雄伟来修建宗教建筑，以达到震慑人心的目的[1]。随着生产力的发展，曾经作为自然屏障的山地渐渐地被忽略，人们逐步移向平地，造成现在山区经济发展的不平衡和落后。但是在人口的不断增长下，人们开始向山地扩张，热衷于"移山为平地"、乱砍乱伐等，这些行为对山区的生态平衡造成了很大的破坏。对于山地建筑的研究，应该从建筑的表象分析出更深层次的东西。

喜马偕尔邦的民居是典型的山地建筑，这些民居都以村落为单位布置，通常地处于浓密的森林间，或者山坡上的台地上。地处山中间的村庄分裂成两个完全

---

1 卢济威，王海松.山地建筑设计[M].北京：中国建筑工业出版社，2001.

不同的世界，分别是下面的河谷和上面难以接近的山峰。最初这些村庄都没有供电，村民只能通过建筑形式和材料来解决采光、通风及保温等问题。他们必须利用极少而有限的资源来建设并保护他们的人居环境。这些村庄中的传统民居既是周边环境的一个缩影，也是周围环境的具体表现形式：底层是山谷，中间是地面，屋顶是山顶。

受海拔的影响喜马偕尔邦的民居可以分为几种不同的类型，这些传统山地民居的材料、平面、空间组织都具有喜马拉雅当地的特色。外喜马拉雅山区海拔较低，民居的材料大多为砖石，一般为两层，开间和开窗都比较大。中部喜马拉雅山区占据喜马拉雅山脉很大的片区，人口众多，由于气候和地形的限制，这个片区的民居大多由石木混合建成，开间和开窗都比较小，屋顶坡度较大，有利于驱散冬季积雪。大喜马拉雅山脉地区的居民大多信仰佛教，该地气候又干又冷，土地贫瘠，建筑材料也有所限制，由于气候原因墙体比较厚，建筑开口很小，主要的建筑材料是泥砖，和周围的山脉和谐地融为一体。

第六章 喜马偕尔邦传统建造技术和雕刻工艺

喜马偕尔邦地区传统的建筑和它的宗教一样，都具有一定的地方特色。建造材料多就地取材，有泥土、石材、草、木材等。当地居民在房子周围种植树木，供建屋取材，当需要更好的木材例如喜马拉雅雪杉木时，就到特定的林区获得。在当地，建造一个传统类型的房屋不需要很多的人力和财力。当村子里的一户人家需要建造房屋时，其他家庭会提供一个男性来给予帮助，而且只需提供晚餐作为答谢。他们不喜欢用金钱来解决问题。在这种社会环境下，村子里即使很穷的人也有自己的房屋，他也不会感到孤独，村民的关系都比较融洽。

对于房屋建材、建造方法的选择主要是基于所处的环境能够提供怎样的材料。比如：斯尔毛的一些地区，房屋的建造材料是卵石、泥土、茅草、芦苇、竹子等；在喜马拉雅山脉中部地区，房屋的建造材料是喜马拉雅雪杉木；在大喜马拉雅山脉地区，既没有质量较好的石头，也没有木材和茅草，这里的建筑大多用泥土砌成。因此，喜马偕尔邦的建筑类型从建筑材料到建造方法都是多种多样的。

第一节　基础

在建造房屋前，基础的施工是一个重要的步骤，对于住户来说，也是一个重要的开端。当地人认为这是一项神圣的工作，因此比较谨慎。为了保证之后房屋建造工程没有太多的麻烦，很多地区甚至选择特定的黄道吉日来开始基础的施工。通常情况下，在用碎石对基础进行填充之前，要举行一个仪式，这个仪式根据各个地区的风俗有所不同。

斯尔毛部分地区在基础填充前的仪式上，会放两块石头在基础里，并保持一定的间隙，根据当地的说法这是蛇居住的地方，潜在的用意可能是作为基础开挖后的排水口。在西姆拉地区，人们在基础施工时需要时刻地监视，直到基础内填充完毕。在大喜马拉雅山脉地区，会找指定的人来进行基础的施工。基础施工前的庆典和仪式多种多样，根据每个地区的风俗而有所不同，但归根结底，都是为了保证基础施工的完好以及顺利。

在康格拉地区，基础的施工相当重要，按照程序循序渐进地施行。这个地区的基坑一般有 1 米深，宽度为 60~75 厘米。因为当地亚热带和干旱气候盛行，石块之间需要黏合，所以基础开挖好之后要往基坑里填充适量的水，填入 0.5 米高的石块和砂浆，最后用铁块或者槌棒夯平，保证足够紧实。在基础之上，用碎石干砌到地面的高度。在地表上，墙体厚度则被限制在 60 厘米内，通常是 45 厘米。德哈山脉地区的土地由于透水性较好、多岩石、不均匀，所以基座的高度大约在 22~30 厘米，当土地较平坦时会达到 45~60 厘米。

在西姆拉地区，土壤层岩石含量较多，土质坚硬，所以基础埋深不到 0.5 米，且宽度不超过 45 厘米。喜马偕尔邦很多地区的土壤较硬且岩石含量较多，基础都不会太深，基坑里面填充的是粗糙的碎石和当地含沙量较高的黏土。基础之上，坚固的石子混合着泥浆被砌到水平高度。基座通常为 30 厘米高，墙体的厚度为 30~45 厘米。

在萨特累季河谷，古卢地区和科努尔低海拔地区，山坡上的土壤层非常硬，所以基础深度一般都不超过 90 厘米，宽度也在 0.5 米之内。回填到基坑里的是干石子或者毛石，并一直垒到地表的高度。在科努尔海拔较高地区的基础深度根据土壤层的硬度做到 60~90 厘米，同样要回填石子。房屋都建造在山体上，所以基础的高度都到地表位置，房屋则是从地表开始拔地而起。

在大喜马拉雅山脉地区，基础开挖的深度为 90 厘米，宽度为 1 米。随后在基坑内填满水并暴露在阳光下几天，以保证所有的间隙都被填满。接着便往基坑里填充石子，当基础紧实并且光滑时，混合着泥浆的石子被铺实。在当地若是坚硬的岩石暴露出来，基坑是不能再往下挖的，墙体则被直接砌在岩石上，这时墙体需要被砌得很厚，直到覆盖住整个暴露的岩石边缘。

第二节　墙体

经过观察和研究，喜马偕尔邦的建筑墙体按照材料和构造方法可以分为四种。第一种是泥墙或者砖墙，在大喜马拉雅山脉地区比较多见。第二种是石墙，在整个喜马偕尔邦都能看到。第三种是石木混合墙，大多见于中部喜马拉雅山脉地区，因为这些地区植被较多，木材能被大量供给。第四种是纯木制墙体，在林区及周边常见。

1. 泥墙

泥墙在高原地区和大喜马拉雅山脉地区很多见。由于气候干燥寒冷，在斯必提、科努尔、拉豪尔高原地区缺乏植被，当地的木材匮乏，建造材料一般是加工后的片岩、晒干的泥砖、黏土等，只有在必须用到木材的地方才会使用到珍贵的木材。在这些地区，墙体的建造方法也稍有不同，这里的土壤通常是砂质黏土，黏合性能比较差，但添加了黏合剂之后就是良好的建材。

泥墙主要出现在高原地区，人们可以自己动手砌筑这种简单型墙体，不需要专门的工匠。墙体的材料混合了加工后的黏土、剁碎的稻壳或者茅草、泥浆。当所有材料都准备好之后，人们用两块厚实的木板水平放置在基础上以限定墙体的宽度，两块木板之间预留了一定的空间，这个预留的空间宽度便是墙体的厚度。在两块木板的中间填充准备好的墙体材料，为了让墙体够紧实，需要用木槌夯实，有时小的卵石也会被填充在内。当地的木材欠缺，所以常常用编织的柳条代替施工的模板，外围用三到四根木框架围住柳条（图6-1）。当这段墙体完成时，模板会被取出放到别的地方再重复上述步骤，直到墙体砌到一定的高度为止。

在偏远的大喜马拉雅山脉地区，为了增加居住空间，一些二层的储藏室等非居住空间的分割墙通常比较薄，墙体的

图6-1　柳条编织的墙体砌筑模板

自重比较轻，这类墙体的内部会支起一些柳条编制的网状结构，然后在网状结构的空隙中填充泥浆混合物，并在两侧也涂上，直到预定的厚度。

2.土坯墙

土坯墙的出现更好地代替了泥墙，土坯墙在喜马偕尔邦山区被运用的范围更广。虽然各个地区在砖块的制造方法上大体相同，但是材料的质量和尺寸有所不同。喜马拉雅外围山的砖块小且精细，而大喜马拉雅山脉地区的砖块大而粗犷。

在喜马拉雅外围山区，有很多砂质赭色黏土，这是制造泥砖块的理想材料。对于砖块的尺寸没有硬性的规定，根据各个地方的需求而有所不同，通常是30厘米×10厘米×8厘米，康格拉地区的砖块通常是26厘米×12厘米×6厘米。制造泥砖块时，需要把当地的砂质黏土碾碎并和一些碾碎的谷壳糅合在一起，然后放置一段时间，加入小块的卵石一起放进木制模具中，使表面平整，木

制模具由一些活动的木框架构成。隔一段时间便可以把模具拿开，暴露出泥砖并使其风干。这便是喜马拉雅山脉外围山区制造泥砖的过程。在砌筑墙体时，这些干泥砖之间用灰浆连接。

大喜马拉雅山脉地区中，拉豪尔地区用到的泥砖比较多。在这些地区，地平面上1米的高度以内墙体都是干砌石，之上才会用到泥砖，通常泥砖的尺寸是45厘米×20厘米×15厘米，用当地的土壤制造而成，在材料允许的情况下，也会加入黏土来使泥砖更加坚固。但由于当地资源的问题，泥砖的质量和外观都比较一般（图6-2）。

3. 砖墙和石墙

在喜马偕尔邦，烧结砖在传统的房屋建造中用得很少，只有在康格拉的部分地区、索兰、斯尔毛等地区能够发现。制造烧结砖的方法是从其他地方引进的，当地的工匠从附近的地区学习了这种技术，近年来，制砖厂在这些地区的边界平原渐渐增多。现在喜马偕尔邦很多地区的人们更愿意用烧结砖来建造房屋，甚至在大喜马拉雅山脉地区，因为用烧结砖来建造房屋既省钱，速度又快。

在喜马偕尔邦，石材是经受了时间考验的良好建材。喜马拉雅山脉西部地区，有质量很好且细腻的蓝色砂岩，康格拉县的马斯罗尔的一个巨大的石头建造的神庙群，就是用这种砂岩建造的杰出实例。

图6-2 泥砖砌筑的墙体

在喜马拉雅山脉外围地区，石头是传统建筑的主要材料。我们可以看到这些地区大量的居住建筑、神庙、宫殿、堡垒、桥梁等都是用石材建造而成，大部分石材建造的建筑仍然保存得很好。在一些传统的建筑中，泥浆可以作为石头砌墙时的黏结材料，墙体的厚度在45~60厘米之间。在中部喜马拉雅山脉山区，高质量的石头很少。所以当地人用石头砌筑时比较谨慎，只能和木框架组合使用。在拉豪尔地区，人们经常用从当地靠近河流和溪流的山坡上的石头，这种石头硬度较大，表面光滑（图6-3）。

4. 混合墙体

中部喜马拉雅山脉山区气候比较温和，生长着大量的喜马拉雅雪杉林。所以这些地区的建筑，无论古代或现代的民居、城堡、粮仓、神庙，都大量使用了木材，即使是墙体，也都是木材和石材组合建成，而且木材的作用更明显。这个片区的一些神庙，从底部到顶部，基本都使用了木材。在石木组合墙的技术出现之前，喜马拉雅山脉中部地区的民居建筑全部用木材建造而成，在门迪、古卢、西姆拉、科努尔地区都可以看到全木制的古老的房屋和大量的木制神庙。

然而，对于珍贵的喜马拉雅雪杉木的过度采伐，引起了政府部门的重视，且

图 6-3 砖墙和石墙民居

木材的耐久性能不是很好，种种压力促使人们开始选择用石材建造房屋。但是当地的石材质量较差，难以作为良好的建材，所以地方的工匠发明了一种节省木材并使建筑结构稳定的方法，即同时使用木材和石材来建造承重结构墙。石材的使用减少了木材的浪费，木材的使用均衡了石材的荷载，使墙体更加稳定。根据结构的高度以及受力作用，石木的结合比例和方式会有所变化。除了这种组合墙体，只用木材的墙体在这些地区也常被发现，特别是在西姆拉和科努尔海拔较低地区，但为了减少底层的荷载仅仅被用在建筑的上层。中部喜马拉雅山区的石木组合墙可以总结为以下四种类型：卡特库尼墙体、德波麦德墙体、法拉克墙体、木制墙体[1]。

（1）卡特库尼墙体（Kattb-kuni）

在喜马偕尔邦，最常见的卡特库尼墙，是一种乡土的木材与石头相拼接的组合墙体。在喜马偕尔邦的萨特累季河谷，几乎所有的乡土建筑都采用这种建造技术。这种墙体既实用又美观，且具有稳定性、灵活性，在地震多发生的山区又具有一定的抗压能力。卡特库尼墙体的英文是 Kattb-kuni，其实是两种当地材料的组合，Kattb 在梵文中是木头的意思，Kuni 在梵文中是角落的意思，顾名思义，即指在角落与转角处所用的材料都是木材。

在喜马偕尔邦运用到卡特库尼墙体的房屋中，结构墙都由喜马拉雅雪杉木和当地的岩石搭接而成，可以称之为"复合结构"，基座则完全由石材构造而成（图6-4）。结构墙的基础由两组平行的石材重叠拼接而成，中间缝隙间堆砌着乱石，较大的石块在边缘处，保证了建筑的稳定性。从石基础开始，墙体由木材和石材分层建造，以组的形式水平堆砌，并与

图 6-4　卡特库尼复合墙体

---

1 O C Handa. Himalayan Traditional Architecture[M]. New Delhi: Rupa Publications India Pvt Ltd, 2009.

地面平行，墙体上平行放置的木横梁与墙体的长度一致，厚度是15~20厘米。早期没有铁钉来连接它们，为了连接这些平行的木梁，需要用和它们一样厚度的木钉，现在铁钉用得更为广泛。

这些并排的木梁之间形成一个正方形或长方形的框架，框架中填满碎石以达到稳定作

图6-5 墙体中的木框架　　图6-6 墙体中的干砌石

用（图6-5）。结构墙的底部添加了坚实的基础，石头的堆积并没有使用砂浆，重力在这个时候便是凝聚石头的黏合剂，这种技术称为"干砌石"（图6-6）。这种构造方法的一个优点是具有灵活性，会使墙壁更加适应基础，因为两边的石头略微向内倾斜，任何地面的运动都可以使结构更加紧密，在地震多发地区尤显重要。

在寒冷的山区，卡特库尼墙体的构造既高效又快速，因为可以利用就地取得的石材，且不需要技术娴熟的木匠和石匠，甚至专门的工具，只需要原材料和劳动力就能施行，当地的原材料还不会受到季节变化的负面影响。这种墙体可以比普通石墙建得薄，极少浪费材料并且高效利用了能源，即用最低廉的材料获得了最大的效益。填充在墙体框架中的碎石之间有一定的空隙，这些空隙形成了一个保温隔热层，可以在寒冷的冬季防止热量的流失，保证了室内空间的温暖，也保证了夏天的凉爽。当地人可以很方便地获取原材料，并有家族和其他村民的支持，可以很容易地建造自己的房屋。

乡土建筑采用卡特库尼墙体是经过时间考验的，此类建筑解决了地区特殊性的问题，适合了当地居民的居住和生活。

（2）德波麦德墙体（Dbol-maide）

当一些地区木材的提供并不是很充足且石材的质量也不是很好时，木材的用量就要被减到最小，木框架中干石砌筑的比例则会增多，这种墙体被称为德波麦德墙体。在古卢和门迪地区的传统建筑中这种墙体比较多见，建造方法与卡特库尼墙体类似。由于自重较重的原因，通常情况下，这种墙体砌筑的民居建筑都不会超过两层。德波麦德墙体只会建造在建筑的一层，而二层使用的是木制墙体。但是

对于较高的建筑物来说，这种墙体会经常用到，它在喜马偕尔邦中世纪的很多塔式城堡中很流行。在这些城堡中，基座往往都很高，基座的墙体便是德波麦德墙体（图6-7）。

（3）法拉克墙体（Faraque）

喜马偕尔邦的昌巴地区，没有足够的木材提供，因此出现了一种特有的墙体，可见于一些古老的民

图6-7 德波麦德墙体

居建筑中，通常在较高层上。这种墙体木材的用量被减到了最少，但同样稳定及耐久。墙体的特色在于其中一系列柱状的构造，这些柱状构造中填充着石头，一般位于墙角或者一些节点处。柱状构造间是厚厚的填充墙，有时也会是木板。这种墙体被称为法拉克墙体（图6-8）。

法拉克墙体中的柱状构造中有两块长45厘米、宽40厘米、厚度为4厘米的木板，放在矩形截面的两边，中间相隔40厘米，这便是预留出的墙体的厚度。如此层叠向上，直到达到墙体的高度，中间填充压实的石子。在建筑的一层中，两个柱状构造之间的连接需要砌石墙，但在二层，填充在柱状构造间的是较厚的木板（图6-9）。

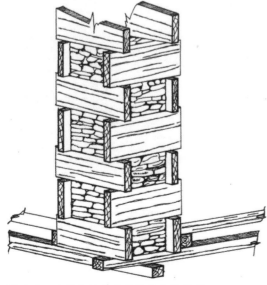

图6-8 法拉克墙体中的柱状结构示意

图6-9 法拉克墙体

（4）木制墙体

在门迪、古卢、西姆拉以及科努尔地势较低的地区，传统民居的墙体一般是石墙或者石木组合墙。这些地区的木材供给比较充足，所以建筑的二层墙体以及门窗、橱柜等都会使用木材建造。

镶嵌木制墙体并不是一个简单的构造，需要娴熟的技巧和长期的经验，以及技艺卓越的工人才能够完成。砌筑一层墙体时，边缘处会留有连接二层墙体的木构架，在这项基础工作完成之后，木板被牢固地插入连接结构中，上面几层的墙体也是同样的工作。木墙的外表面都有雕刻，自重比较轻，也比较稳定，抗震性能较好，但防火能力较差。

对于镶嵌型的木制墙体的一个改进是交错墙体，在经济条件允许的情况下，人们更倾向于使用交错墙体，因为这种墙体更加稳定和坚固，而且其内部空间更适宜人的居住。要建造这种墙体，在一层墙体之上的木格栅框架需要安置在整个墙体边缘，二层墙体的框架在此之上，形成一个双层的框架结构。但是交错墙体结构比较浪费木材，若发生火灾其影响也更大（图6-10）。

图6-10　镶嵌型木制墙体

第三节　屋顶

在喜马偕尔邦，用来覆盖房屋屋顶的材料多种多样。除了大喜马拉雅山脉地区，其他地区的屋顶覆盖材料主要是茅草，对于人们来说，这是一个既经济又实用的材料。在中部喜马拉雅地区，曾经最常见的屋顶覆盖材料是木板和板岩片，在用板岩片覆盖屋顶之前，使用的都是木板。作为木板覆盖的替代，板岩片既坚固又薄，但采用何种材料主要取决于该地区是否有足够的板岩提供。大喜马拉雅山脉地区则没有茅草、木材、板岩片的提供，当地人只能使用泥土作为屋顶覆盖的材料。

1. 茅草屋顶

茅草覆盖的屋顶一般用于较小型的建筑，即一些附属用房、牲畜房等等，茅草顶需要敷设在木屋架上，一般都是人字形屋顶。在墙体施工完毕之后，需要在中间的立柱上放置脊梁，然后将椽子的一端放置于墙体上，另一端放在脊梁上，椽子需要挑出墙体边缘 0.5 米的距离。然后在整齐排列的椽子上放置薄木板，最后用藤条固定木屋架。

当木屋架完成后，便需要使用茅草了。首先铺展开 3 厘米厚度的茅草，在这之上，是 15 厘米厚平坦光滑的茅草，以同样的方式敷设。敷设茅草需要从下往上，用上一层压住下一层，将茅草绑在檩条上，并梳理整齐，搭接处要尽量在檩条处，从而将其遮住，以提高美观性。

图 6-11　茅草顶建筑

茅草屋顶的最大优势在于它的经济性，另外在施工上也比较节省时间，家庭成员能够在短时间内完成这项工作，而且也不需要大量的木材或者其他珍贵的材料，只需要干木材、树枝、干草和竹子等，不仅能减少资源的利用，还能与自然融为一体。草的热传导性能相对较差，因而能保证室内的温度比较适宜于人们居住，其最大的缺点则是易燃（图 6-11、图 6-12）。

2. 木屋顶

在喜马拉雅山脉中部地区，有很多民居的屋顶用木材敷设，科努尔的较低海拔地区最多，其次便是昌巴和门迪地区。但是人们为了克服木材铺设屋顶耐久性不强的问题，用板岩片取代了木材，当然，木材的缺乏也是原因之一。

人字形屋顶的坡顶并不是一条直线，在这个坡上会有一些转折点，与中国古代的举折或举架类似。因为这些转折，屋檐比较平缓，而转折的数量取决于屋顶所覆盖的木板的数量。从屋顶的侧面可以明显看出，屋顶呈缓缓下降的曲线形。这样可以保证内部的天花板在一个平面上，不仅窗和门在挑出的屋檐下得到很好的保护，而且冬季屋顶上的积雪也能够随着曲面缓缓下降，但是现在人们更喜欢使用镀锌的铁片覆盖在屋顶之上（图6-13）。

3. 板岩屋顶

石板瓦，是在木框架完成后搁置在建筑屋顶上的瓦片，自重比较重，但当地人巧妙地用铁钉将它们的一个点固定于木质框架的顶部，这使它们变得非常灵活，既能适应雨雪的负荷，防止水渗入建筑内，也有利于地震时分散动力。

板岩屋顶作为木屋顶的取代，在昌巴、康格拉、门迪、古卢地区能够大量被使用。但各地区的板岩材料的物理性质都有所区别，质量、颜色、纹理等都有所不同。深蓝色和绿色的板岩可以被加工成大尺寸的薄片，蓝色板岩可以被打磨得很光滑，如同具有金属光泽。灰色、黄色和棕色的板岩比较便宜，也比较厚重，无法打磨成薄片，但能抵制住恶劣天气。

图6-12　茅草顶内部

图6-13　科努尔较低海拔区的木
　　　　　屋顶房屋

板岩屋顶从采石、加工到敷设都需要专业的工匠。敷设板岩屋顶时，首先要在每个板岩片上打孔，然后用铁钉穿过孔洞将板岩片固定在檩条上。安装的顺序是从屋檐到屋脊一排一排地敷设，上排的板岩片必须覆盖住下排板岩片上的钉子，同一排的板岩片间不能有空隙（图6-14、图6-15）。

在板岩屋顶取代木屋顶之后，它变成了喜马拉雅山脉中部和外围地区最广泛使用的屋顶材料，适度地减少了当地森林的过度开采（图6-16）。

图6-14　板岩片屋顶

图6-15　固定板岩片屋顶的铁钉

图6-16　板岩屋顶神庙群

4. 泥屋顶

在一些高原地区，没有木材和板岩的提供，只能用泥土来建造屋顶（图6-17）。为了支撑泥屋顶，在泥屋顶的下方15~20厘米处，在建筑短边上横跨檩条。檩条之上，有一排1.25厘米厚整齐排列的木条，木条之上是干茅草，然后铺一层厚厚的泥土层，最后覆盖于屋顶之上的是一层厚厚的夯实

图6-17　泥屋顶房屋

的细黏土。屋顶会朝着一个方向有一定的坡度，用来排水，泥土的抗水性能较好。

在大喜马拉雅山脉地区，木材的供量相当缺乏，所以房屋的尺寸和屋顶的尺寸都有所限制，而檩条上方也会用一些树枝、木柴等代替细木条。房屋中需要的木材则用白杨木或者柳木代替，人们在房屋周围种植白杨树和柳树以用做建房之需。这些地区的土壤比较坚硬，具有良好的防水性和黏结性，用来建造屋顶也是很好的材料。

第四节　抗震技术

喜马偕尔邦是一个多震的山区，地震是由于地壳构造板块的移动从而以地震波的形式在地球表面释放能量的一个过程。能量释放的地方称为地震的"震源"，在震源正上方的地球表面上的点称为"震中"。地震以各种形式来破坏建筑，损坏地下基础可以直接摧毁一个建筑。大部分建筑物的受损原因是因为从地震震中发出的辐射波带来的冲击或震动，而山区受到地震的影响更多的是山体滑坡。

在喜马偕尔邦的传统山地建筑中，石木混合墙体的一个显著特点是顺应地震的特点。它采用复合结构，使用分层的木材（抵抗压力）和石材（抵抗张力）。石木混合墙不仅能抵抗地震的推动力，而且能防止建筑滑动和翻转，其结构内部组件稳定，这是一个重要的因素，可以在地震中保持房屋不被摧毁。木框架和填充石在重力的影响下使结构稳定，使阻尼变大，因而能在地震时更快更均匀地分

散地震产生的能量。比如卡特库尼墙体建造的特性就是随着建筑高度的增加，石头的使用逐渐减少，木材的使用逐渐增加，这可以减轻墙体的自重，基础中大量堆砌的石头则保证建筑有足够的稳定性。而建筑的外形是一个很规整的方盒子，规则的外形能在地震中保持稳定（图6-18）。其门窗既少又小，以快速均匀地转移荷载，减少房屋在地震时受到的不良影响（图6-19）。雪杉木做的梁，在一般情况下，可以保证比较完整。在结构墙的最外面还会围有一层木圈梁，在地震中，框架结构的连接部分和墙壁容易受到剪力的影响，所以这样的设计具有一定的灵活性，从而

图6-18 石木混合墙体的房屋

抵抗张力和压力。为进一步保护建筑，整个建筑的连接部分都会使用榫、楔形构件和金属钉子来形成灵活和稳定的连接，门、室内墙壁和内置存储隔间都使用类似的木构造，作用是减小地震的破坏（图6-20）。

卡特库尼这种石木混合墙体的一个重要抗震特点是干石砌筑技术，堆砌在木框架中的石头彼此间没有灰浆，在地震期间，可以灵活而迅速地分散地震中的力量。干砌体允许墙体随着地震波震动但不会与木制框架分裂，此时墙上表层的泥石膏或者木制天花板可能崩溃，但是主体结构将保持不变。由木梁与自重较重的石板构成的屋顶悬挂于整个结构上，像头罩压在墙上形成一个稳定的压力。在地

图6-19 石木混合墙体房屋的门

图6-20 石木混合墙体房屋的门窗

震中作为结构负载的一部分，绕着结构主轴扭转，而不会塌陷到房屋内部。

　　喜马偕尔邦的乡土建筑在材料的使用和施工技术的集成上是人类抗震史上一个杰出的例子，内部相互连接的墙壁、地板和屋顶构建出一个独立的抗震单元。我们所能看到的一些古老的民居大多有两百多年的历史，它们抵挡住了多次地震，包括1905年的喜马偕尔邦大地震。这些乡土建筑在地震中受到的损害很小，它们由富有经验的当地居民建造，是当地材料的产物，不同于混凝土房屋在地震活动有时会发生整体倾覆或崩溃，乡土建筑能够承受相当大的地震释放的能量。因此古往今来，石木混合的墙体构造技术都被运用到当地建造的抗震设计中。

第五节　装饰工艺

　　木雕作为建筑上的装饰，是喜马偕尔邦最古老的工艺之一。大型的石雕和木雕不仅反映了人们叙述故事的能力，也是对自然资源的艺术见证。无论图案基于自然还是人的意识，木雕都是当地居民表达他们文化的一个民间艺术形式（图6-21）。

　　装饰的图案在喜马偕尔邦的乡土建筑中或多或少有所重复，等级最高的木雕是宫殿类建筑，然后是神庙建筑，再然后是比较大型的民居，最后是普通民居，这与房屋的尺寸和雕刻工匠的手艺都有关。在建造房屋的时候木雕已经与建筑融为一体，在神庙和宫殿建筑的柱子、窗户、门框上都可以看到雕刻，神庙的洞穴或者壁龛内还能看到当地供奉的神的雕像（图6-22、图6-23）[1]。

图6-21　建筑大门上的木雕刻

　　当地雕刻工匠的雕刻过程可分为四个阶段，基本的雕刻工具包括锯子、刨子、凿子、锤子（图6-24）。施工的第一个阶段是工匠根据一定的尺寸切割木头，获

---

1 Jay Thakkar, Skye Morrison.Matra-Ways of Measuring Vernacular Built Forms of Himachal Pradesh[M].India:SID Research Cell, School of Interior Design, 2008.

得设定的木材大小，磨平木头的表层后便可以进入到下一个阶段。第二个阶段是用笔在木头上绘出想要的图形，因为有模板，所以并不需要太多的设计。这是一个主要的工序，在这个阶段中设计的图案初步形成。这些装饰图案混合了经典的式样和工匠个人做出的创新，图案一般都具有宗教意义，同样也取决于工匠的技术和知识。神庙建筑的雕刻对创新的内容有更多的限制。在居住建筑中，我们看到了风格、尺度、手艺和美学在雕刻图案的设计中差异很大，变化也比较自由。公共的粮仓可以被装饰得很夸张，融进了工匠的审美观点和技术水平。第三阶段是在木头上进行雕刻，这是雕刻师的技术得以充分发挥作用的时候，但雕刻的质量同时也依赖于本地生产的工具。在雕刻工作中学徒做一些简单背景和填充，大师则完成剩下的复杂雕刻。第四个也是最后一个阶段，在雕刻完成后，用砂纸在表面磨平，后期不再使用防腐油漆之类。

　　木雕叙述的故事遵循两个平行但不同的主题。神庙上的雕刻，一般质量比较好，主题是印度神话，可见于一些历史悠久的神庙雕刻，这些雕刻由外来雕刻师完成，以一种复杂的、自然的方式来描绘人物或者虚构的神话或现实中的生物，

图 6-22　民居建筑上的木雕刻

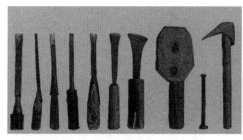

图 6-24　雕刻工具　　　　　　　　　　图 6-23　民居建筑上的木雕神像

图 6-25　地方传统工匠 1

图 6-26　地方传统工匠 2

工艺繁复高超。大师工匠们都受过教育，他们深知印度教神话中的各种故事，而

这些雕刻艺术品的价值正在于它们是专业知识的体现和传播宗教的"高等艺术"（图6-25、图6-26）。

　　一些神庙和宫殿既有古典形式的雕刻，也有民间形式的雕刻，这是喜马偕尔邦独特的艺术形式。在这些作品上，木雕工匠往往表现出了地方民俗和传统，使古典和民间形式得以在神庙和宫殿的艺术表现上并驾齐驱。在民居和粮仓中，民间雕刻占主导地位。这是真正的民间艺术。

图 6-27　众神图案

　　雕刻在喜马偕尔邦的神庙中是主要的视觉叙事形式，较大神庙的门、结构梁、柱和天花板上都有雕刻。这些雕刻一般表达印度教众神的形象以及与其相关的动物、植物、节日和战争等主题，长期以来，雕刻已成为神庙建筑传统的一部分。很多神庙中还可见民间雕刻师的雕刻，有时可能仅仅是作为一个损坏和老化的雕刻的替代品。几个世纪以来，统治者资助神庙的建造，并聘请一些技艺高超的雕刻师，雕刻体现出雕刻师的技能和知识的宗教图案和主题

图 6-28　龙的图案

图 6-29　凤的图案

（图6-27~图6-29）。

民居中的装饰则相对简洁，多采用绘画或彩画的方式，传统的细密画表现了人们日常生活中的场景（图6-30）。

图6-30　民居彩绘

小结

气候适应性是喜马偕尔邦传统建筑在建造技术方面的一个重要特性。在科学技术还不发达的过去，喜马偕尔邦的先民们利用丰富的生活经验，就地取材地创造了很多适应当地气候的建筑技术和方法。

喜马偕尔邦传统的建材主要有泥土、石材、草、木材等，这些材料构成建筑的屋顶和外墙，取材方便，根据海拔有所不同。在海拔较高的大喜马拉雅山脉地区，气候较寒冷，由于材料的限制，先民们一般用泥墙，后来土坯墙的出现代替了泥墙。土坯墙保温隔热性能好，屋顶单坡倾斜，便于排水。在康格拉的部分地区以及索兰、斯尔毛等地区，用的是烧结砖，因为用烧结砖来建造房屋既经济速度又快。在喜马拉雅山脉外围地区，石材则是传统建筑的主要材料。在中部喜马拉雅山脉山区，气候比较温和，有大量的喜马拉雅雪杉林。这些地区建筑的墙体都由木材和石材组合建成，当地的工匠发明了一种节省木材并使建筑结构稳定的方法，即将木材和石材共同使用来建造结构墙。石材的使用减少了木材的浪费，木材的使用均衡了石材的荷载，也使墙体更加稳定。

屋顶的覆盖材料也比较广泛，很多地方都用到茅草，作为一些辅助用房的屋面，茅草是既经济又实用的材料。在中部喜马拉雅地区，最常见的是木板和板岩片，板岩片作为木板覆盖的替代，不仅质量好而且坚固。但是在大喜马拉雅山脉地区，没有适合做屋顶的材料，当地人只能用泥土覆盖屋顶。

喜马偕尔邦是一个多震的山区，当地的石木混合墙体采用复合结构，不仅能抵抗地震的推动力，而且能防止建筑滑动和翻转。板岩片用铁钉固定住一个点悬挂在屋顶之上，同样也有抗震的目的。

喜马偕尔邦产生了独特的雕刻艺术形式，在神庙和宫殿中既有古典形式的雕刻，也有民间形式的雕刻，古典和民间形式的雕刻在艺术表现上并驾齐驱。但在民居和粮仓中，民间雕刻则占主导地位，成为喜马偕尔邦特有的民间艺术。

结　语

几乎所有人都知道雄伟的大喜马拉雅山脉，却只有少数人知道喜马拉雅山脉西部这个气候宜人、风景优美、建筑和艺术都富有地方特色的山地地区——喜马偕尔邦。本书以喜马偕尔邦山地建筑为研究对象，以实地调查资料作为依据，在分析了当地的自然环境和人文背景的基础上，展现出喜马偕尔邦独特的山地建筑的研究价值，使我国对这一地区的研究不再止步于前。

本书的主要成果如下：

（1）较为全面地介绍了印度北部的"高山之邦"——喜马偕尔邦的自然环境和人文背景，分析出极端的自然环境与相对保守封闭的人文风俗是该邦具有地方特色的建筑形成的首要原因，为研究喜马偕尔邦山地建筑提供了基础资料。

（2）本书总结归纳了喜马偕尔邦的城镇形态，把城镇按照功能分类。山区的地形决定了山区城镇的功能，城镇的功能更加突出了山区地形的特色。书中介绍了喜马偕尔邦内几座较有代表性的城镇，这些城镇各具特色，各司其职，组成了一个独一无二的喜马偕尔邦。村落是山区人民聚集居住的主要方式，一个村落中的人的信仰总是相同的。村落的形成也有其统一的方式，村民的住宅通常围绕着村落的中心——神庙、碉楼以及周边的小型聚会广场展开。山区的公共建筑主要包括碉楼、粮仓及神庙：碉楼和粮仓都是特殊的地形和气候共同作用的结果；神庙作为一种宗教建筑，是本书重点介绍的对象，喜马偕尔邦的神庙以印度教神庙和佛教寺庙为主，具有地方特色的神庙散布在喜马偕尔邦内的各个地方，本书根据笔者实地调研的资料归纳总结，按照风格，将神庙分门别类。

（3）根据地区的差异将喜马偕尔邦的山地民居分成了三大类。喜马拉雅山脉外围低海拔区的民居为两层小楼，主要建造材料为砖石，底层带外廊，硬山两坡顶。中部喜马拉雅地区的民居形式都是碉楼的形式，木材的使用也达到了极致，顶层有悬挑的外廊，多为挑檐两坡顶，墙体为石木交错混合墙体。大喜马拉雅山脉地区的民居和中国藏区的民居类似，为大尺寸晒干的泥砖砌成，建筑外观与周围贫瘠的山脉融为一体。书中对每一类民居都进行了详细的分析和介绍，尽可能做到图文并茂。

（4）本书的最后对山区建筑的构造技术和装饰艺术做了总结，分别归纳了喜马偕尔邦山地建筑的基础、墙体、屋顶的构造技术与特色，为了适应当地多地震的环境，抗震技术也时常运用在了房屋的建造中。木雕刻在当地人的生活中是不可缺少的元素，主题或为宗教，或为植物，当地建筑上的雕刻大多为古典和民间的融合。通过研究不难发现，这些建筑的构造技术符合其地形的特点，做到了经济、适用、防震、美观。

本书以由宏观到微观的方式，依次详细地介绍了喜马偕尔邦的城镇、村落、公共建筑、民居建筑、构造技术与雕刻艺术，让读者较为全面地认识喜马偕尔邦山地建筑的特色，而国内对于此方向的研究并不多见，所选课题在国内较为领先。

由于调研工作在时间和空间上的局限，加之喜马偕尔邦的范围较大，地形也较为独特，很多地区更是可望而不可即。更为可惜的是，由于宗教的原因，在实地考察时，很多建筑只能外观而不能入内，这给研究工作带来了不足。

希望笔者的浅探能够成为国内对于这片土地研究的一个开端。

中英文对照

地名

巴赫胡恩克村：Bachhoonch Village

拜杰纳特：Baijnath

巴尼哈尔：Banihal

巴拉特村：Barat Villiage

巴斯帕谷：Baspa Valley

比阿斯河：Beas River

巴加谷：Bhaga

不丹：Bhutan

比拉斯布尔：Bilaspur

布拉玛：Brahma

布拉玛普拉：Brahmapura

昌巴：Chamba

伽尼村：Chaini Villiage

钱德拉谷：Chandra Valley

杰布纳河：Chenab River

克哈特拉里村：Chhatrari Villiage

达尔豪西：Dalhousie

达兰萨拉：Dharamshala

德哈山脉：Dhauladhar Hills

加瓦尔喜马拉雅山脉：Garhwal Himalayas

戈文德·萨加尔人工湖：Gobind Sagar

冈瓦那大陆：Gondwana

居莱尔：Guler

古尔马尔格：Gulmarg

哈尔基杜恩谷：Har Ki Doon Valley

哈里亚纳邦：Haryana Pradesh

喜马偕尔邦：Himachal Pradesh

捷卡苏特村：Jagatsukh Village

查谟：Jammu

久布巴尔：Jubbal

卡卢尔：Kahlur

康格拉：Kangra

曲女城：Kannauj

克什米尔：Kashmir

基亚里村：Kiari Village

科努尔：Kinnaur

浩克汗村：Khokhan Village

柯提：Koti

古卢：Kullu

拉达克：Ladakh

拉豪尔：Lahaul

默纳利村：Manali Villiage

门迪：Mandi

曼尼卡兰：Manikaran

莫内村：Mone Village

尼葛尔村：Naggar Villiage

纳罕：Nahan

尼泊尔：Nepal

努尔普尔：Nurpur

庞贝谷：Pabar Valley

帕哈里：Pahari

巴基斯坦：Pakistan

旁盘古地区：Pangi Tehsil

帕奥恩塔萨希布：Paonta Sahib

帕拉蒂谷：Parbati Valley

帕特坦谷：Pattan Valley

皮尔潘甲山脉：Pir Panjal Hills

遮普邦：Punjab Pradesh

拉维河：Ravi River

罗唐关口：Rohtang Pass

桑格拉：Sangla

萨帕尼：Sapani

萨拉罕村：Sarahan Village

沙哈·马达尔山：Shah Madar Hill

西瓦利克山脉：Shiwalik Hills

新罗峰：Shilla Peak

西姆拉：Shimla

西巴：Siba

斯尔毛：Sirmaur

索兰：Solan

斯必提：Spiti

苏凯特：Suket

萨特累季河：Sutlej River

塔莱：Tarai

塔威山谷：Tawi Valley

丹达瑞：Thaneshwar

乌纳：Una

北阿肯德邦：Uttarakhand Pradesh

北方邦：Uttar Pradesh

札斯卡尔山脉：Zaskar Hills

王朝或部落名称

雅利安人：Aryan

博塔部落：Bhotas

德里苏丹国：Delhi Sultanate

伽色尼王朝：Ghaznavid Dynasty

廓尔喀族：Gorkha

笈多王朝：Gupta Dynasty

哈里哈·昌德家族：Harihar Chand

戒日王朝：Harsha Dynasty

印多尔帝国：Hindur

卡尔萨军队：Khalsa Army

科努尔部落：Kinnar

基拉部落：Kira

基拉塔部落：Kiratas

戈尔部落：Kol

克里安部落：Kolian

古卢塔：Kuluta

贵霜王朝：Kushan Dynasty

洛迪王朝：Lodi Dynasty

孔雀王朝：Maurya Dynasty

梅鲁王朝：Meru Dynasty

莫卧儿王朝：Mughal Dynasty

蒙达部落：Munda

那加部落：Naga

帕尔家族：Pal

波罗王朝：Pala Dynasty

拉其普特人：Rajput

拉纳部落：Rana

森家族：Sen

塔卡部落：Thakur

三穴国：Trigarta

瓦尔曼家族：Varman

药叉部落：Yaksha

宗教名称

佛教：Buddism

印度教：Hinduism

伊斯兰教：Islamism

耆那教：Jainism

锡克教：Sikhism

神灵名称

梵天：Brahma

杜尔迦女神：Durga

甘尼沙（象头神）：Ganesha

加尔达：Garuda

卡莉：Kali

库尔天神：Kuldevi

拉克什米：Lakshmi

戴维女神：Mahadevi

神牛南迪：Nandi

那罗辛诃：Narasimha

帕尔瓦蒂：Parvati

萨拉斯瓦蒂：Sarasvati

湿婆：Shiva

塞建陀：Skanda

苏利耶：Surya

瓦拉哈：Varaha

毗湿奴：Vishnu

建筑专业名称

德波麦德墙体：Dbol-maide

德拉风格：Dehra

法拉克墙体：Faraque

胎室或圣殿：Grabha-griha

卡特库尼墙体：Kattb-kuni

纳加拉风格：Nagara

建筑名称

阿迪·梵天神庙：Adi Brahma Temple

阿克汗德·金迪宫殿：Akhand Chandi

拜杰纳特神庙：Baijnath Temple

班加勒神庙：Bajaura Temple

保英达拉·德夫塔班达尔粮仓：Baoindara Devta Bbandar

贝斯萨拉·摩诃提婆神庙：Basesara Mahadeva Temple

班达尔粮仓：Bbandar

毗摩卡利城堡：Bhimakali Castle

毗摩卡莉神庙：Bhimakali Temple

布特纳特神庙：Bhootnath Temple

布里·辛格博物馆：Bhuri Singh Museum

伽尼碉楼：Chaini Castle

查蒙达·戴维神庙：Chamunda Devi

埃洛拉石窟：Ellora Caves

甘地门：Gandhi Gate

贡德哈拉碉楼：Gondhala Castle

古鲁汉特神庙：Gurughantal Temple

西迪姆巴·戴维神庙：Hidimba Devi Temple

卡马路碉楼：Kamaru Castle

加特巴尔粮仓：Katbar

加特巴亚粮仓：Katbyar

纪伊寺：Key Monastery

科特比粮仓：Kotbi

拉克什米·戴维女神庙：Lakshmi Davi Temple

拉克什米·纳拉扬神庙群：Lakshmi Narayan

马哈苏尔·提婆神庙：Mahasur Devata Temple

马亨德·辛格·奥克塔粮仓：Mahender Singh Aukta

马斯罗尔石窟群：Masrur Monolithic Complex

帕拉莱亚·维纳神庙：Paralayam Vaijnath

萨克提·戴维女神庙：Shakti Davi Temple

湿婆·林伽神庙：Shiva Linga Temple

湿婆·帕尔瓦蒂神庙：Shiva Parvati Temple

代温德·辛格·柴哈先生住宅：Shri.Devinder Singh Chidgha House

哈皮·辛格·奥塔先生住宅：Shri.Happi Singh Aukta House

马诺哈尔·达斯·罗塔先生住宅：Shri.Manohar Das Lohlta House

P.C.奥塔先生住宅：Shri.P.C.Aukta House

悉达纳特神庙：Siddhanath Temple

西塔·拉姆神庙：Sita Ram

湿婆神庙：Siva Temple

瑞·马塔神庙：Sui Mata

塔波寺：Tabo Monastery

塔库尔德瓦拉神庙：Thakurdwara Temple

特利普拉桑德利神庙：Tripurasundari Temple

著作名称

《薄伽梵往世书》：Bhagavata Purana

《牧童歌》：Gita Govinda

《格兰特·沙哈卜》：Granth Sahib

《摩诃婆罗多》：Mahabharata

《往世书》：Purana

《罗摩衍那》：Ramayana

人物和其他名称

阿斋·昌德：Ajai Chand

阿加巴·森：Ajbar Sen

阿克巴：Akbar

亚历山大·坎宁安：Alexander Cunningham

艾玛尔·辛格·塔帕：Amar Singh Thapa

阿育王：Ashoka

巴乎·森：Bahu Sen

CEPT 大学：Center for Environmental Planning and Technology University

昌巴瓦蒂：Champavati

旃陀罗笈多：Chandragupta

查尔斯·休格尔：Charles Sugar

代温德·辛格·柴哈：Devinder Singh Chidgha

戈文德·辛格：Govind Singh

班玛托创匝：Guru Padmasambhava

哈皮·辛格·奥塔：Happi Singh Aukta

刘易斯·芒福德：Lewis Mumford

马赫穆德：Mahmud

马诺哈尔·达斯·罗塔：Manohar Das Lohlta

格鲁·瓦尔曼：Meru Varman

摩亨佐达罗：Mohenjodaro

尼尔麦尼·乌帕德亚伊：Neelmani Upadhyay

贾加特·辛格：Jagat Singh

贾汉吉尔：Jahangir

詹姆斯·弗格森：James Ferguson

J.P.H. 沃格尔：J.P.H.Vogel

杰伊·塔卡尔：Jay Thakkar

O.C. 汉达：O.C.Handa

帕甲霍察：Pajhota

P.C. 奥塔：P.C.Aukta

莲花生大士：Podma Sambhara

普拉贾·曼达尔：Praja Mandal

普拉特尤先·尚卡尔：Pratyush Shankar

普里特维·辛格：Prithvi Singh

拉贾·巴哈杜尔·辛格：Raja Bahadur Singh

拉贾·曼·辛格：Raja Man Singh

拉贾·萨希尔·瓦尔曼：Raja Sahil Varman

拉贾·悉典·森：Raja Sidh Sen

兰吉特·辛格：Ranjit Singh

印度鲁帕出版社：Rupa Publications India Pvt Ltd.

寂护大师：Shantarakshita

斯凯·莫里森：Skye Morrison

苏巴释尼·雅利安：Subhashini Aryan

丹增·仓央嘉措：Tanzin Gyatso

阿黛·辛格：Udai Singh

威廉·穆克拉夫：William Moorcroft

图片索引

图 2-9　昌巴老城区和桥,图片来源:维基百科

图 2-10　昌巴布里·辛格博物馆,图片来源:维基百科;

图 2-11　拉贾宫殿及宫殿前的开放场地,图片来源:《Himalayan Cities》

图 2-12　下沉式广场,图片来源:《Himalayan Cities》

图 2-13　西姆拉城,图片来源:王婷婷摄

图 2-14　古卢镇鸟瞰,图片来源:维基百科

图 2-15　位于山脊上的步行街市场购物中心街,图片来源:Google Earth

图 2-16　步行街上的基督教堂,图片来源:王婷婷摄

图 2-17　步行街上的殖民时期建筑,图片来源:王婷婷摄

图 2-18　西姆拉下市场,图片来源:汪永平摄

图 2-19　斯必提地区地形,图片来源:维基百科

图 2-20　基朗镇,图片来源:维基百科

图 2-21　卡扎镇所处位置,图片来源:Google earth

图 2-22　塔波寺,图片来源:维基百科

图 2-23　帕奥恩塔萨希布小镇鸟瞰,图片来源:维基百科

图 2-24　帕奥恩塔萨希布锡克教宫殿,图片来源:维基百科

图 2-25　默纳利小镇及周围环绕的群山,图片来源:王婷婷摄

图 2-26　默纳利小镇典型建筑,图片来源:王婷婷摄

图 2-27　西迪姆巴·戴维神庙及周边,图片来源:王婷婷摄

图 2-28　达尔豪西旅馆,图片来源:王婷婷摄

图 2-29　喜马偕尔邦村落1,图片来源:王婷婷摄

图 2-30　喜马偕尔邦村落2,图片来源:王婷婷摄

图 2-31　村落中的散点式民居,图片来源:芦兴迟摄

图 2-32　村落中曲折的道路系统,图片来源:芦兴迟摄

图 2-33　村落中的绿化,图片来源:王婷婷摄

图 2-34　村落中的排水沟,图片来源:王婷婷摄

图 2-35　村落中民居布局方式,图片来源:王婷婷绘

图 2-36　浩克汗村落,图片来源:芦兴迟摄

图 2-37　村落中的公共建筑,图片来源:王婷婷摄

图 2-38　村落中的民居单体,图片来源:王婷婷摄

第四章　喜马偕尔邦传统宗教建筑

图 4-1　桑契窣堵坡，图片来源：汪永平摄

图 4-2　桑契寺庙中供奉的佛像，图片来源：汪永平摄

图 4-3　纳加拉风格神庙，图片来源：王婷婷摄

图 4-4　德拉风格神庙（重檐金字塔形屋顶），图片来源：王锡惠摄

图 4-5　德拉风格神庙（两坡屋顶），图片来源：王婷婷摄

图 4-6　德拉风格神庙（混合屋顶），图片来源：王婷婷摄

图 4-7　湿婆雕像，图片来源：汪永平摄

图 4-8　象头神甘尼沙雕像，图片来源：汪永平摄

图 4-9　杜尔迦女神雕像，图片来源：汪永平摄

图 4-10　毗湿奴雕像，图片来源：汪永平摄

图 4-11　拉克什米雕像，图片来源：汪永平摄

图 4-12　梵天雕像，图片来源：汪永平摄

图 4-13　神庙的构成部分，图片来源：王婷婷绘

图 4-14　捷卡苏特村的湿婆神庙，图片来源：《Himadri Temple》

图 4-15　马斯罗尔石窟群基座装饰，图片来源：王婷婷摄

图 4-16　巴拉特湿婆神庙 1，图片来源：《Himadri Temple》

图 4-17　巴拉特湿婆神庙 2，图片来源：《Himadri Temple》

图 4-18　巴拉特湿婆神庙象头神雕像，图片来源：《Himadri Temple》

图 4-19　巴拉特湿婆神庙的平面，图片来源：王婷婷绘

图 4-20　方形水池及神庙的残留部分，图片来源：王婷婷摄

图 4-21　马斯罗尔岩凿神庙群总平示意图，图片来源：王婷婷绘

图 4-22　马斯罗尔岩凿神庙群，图片来源：芦兴迟摄

图 4-23　门廊顶部天花装饰，图片来源：王婷婷摄

图 4-24　门廊立柱，图片来源：王婷婷摄

图 4-25　立柱柱础，图片来源：王婷婷摄

图 4-26　主殿镶嵌式门框和门，图片来源：王婷婷摄

图 4-27　9 号独立神庙，图片来源：王婷婷摄

图 4-28　神庙群入口门廊，图片来源：王婷婷摄

图 4-29　拜杰纳特湿婆神庙平面，图片来源：王婷婷摄

第六章　喜马偕尔邦传统建造技术和雕刻工艺

参考文献

中文专著

[1] 王镛 . 印度美术史 [M]. 北京：中国人民大学出版社，2010.

[2] 萧默 . 天竺建筑行纪 [M]. 北京：生活·读书·新知三联书店，2007.

[3] 刘国楠，王树英 . 印度各邦历史文化 [M]. 北京：中国社会科学出版社，1982.

[4] 卢济威，王海松 . 山地建筑设计 [M]. 北京：中国建筑工业出版社，2001.

[5] 黄光宇 . 山地城市学原理 [M]. 北京：中国建筑工业出版社，2006.

[6] 印度地图册 [M]. 北京：中国地图出版社，2010.

[7] 吴良镛 . 人居环境科学导论 [M]. 北京：中国建筑工业出版，2011.

外文专著

[1] George Michell. The Hindu Temple:An Introduction to its Meaning and Forms[M]. Chicago: The University of Chicago Press，1988.

[2] William Moorcroft. Tournament of Shadows: The Great Game and the Race for Empire in Central Asia[M]. New York: Counterpoint，1999.

[3] Marilia Albanese. Architecture in India[M]. New Delhi:OM Book Service，2000.

[4] Satish Grover. Masterpieces of Traditional Indian Architecture[M].New Delhi:Roli Books Pvt Ltd，2008.

[5] Charles Hugel. Travels in Kashmir and the Panjab[M]. Britain: Oxford Univ ersiry Press，1990.

[6] James Fergusson. History of Indian and Eastern Architecture[M]. Britain:Cambridge University Press ，2007.

[7] John，Hutchison Jean Philippe Vogel. History of the Panjab Hill States[M]. India：Asian Educational Services，1994.

[8] Subhashini Aryan. Himadri Temple[M]. Shimla:Indian Institute of Advanced Study Rashtrapati Nivas，1994.

[9] Pratyush Shankar. Himalayan Cities[M]. New Delhi: Niyogi Books，2014.

[10] Jay Thakkar，Skye Morrison. Matra–Ways of Measuring Vernacular Built Forms of Himachal Pradesh[M]. India：SID Research Cell，School of Interior Design，2008.

[11] Neelmani Upadhyay.Temples of Himachal Pradesh[M]. New Delhi: Indus Publishing Company，2008.

[12] O C Handa. Himalayan Traditional Architecture[M]. New Delhi: Rupa Publications India Pvt Ltd，2009.

[13] Khosla. Buddhist Monasteries in the Western Himalaya[M]. Kathmandu Nepal：Ratna Pustak Bhandar，1979.

[14] Madanjeet. Himalaya Art[M].New York: Graphic Socoety，1968.

[15] Vinod Kumar Dhumal，Priyanka Ahuja. Know Your State:Himachal Pradesh[M]. New Delhi: Arihant Publication（India）Limited，2011.

[16]Mian Goverdhan Singh.Himachal Pradesh：History，Culture，Economy[M]. Shimla:Minerva Publishers & Distributors，1985.

[17]O C Handa. Buddhist Monasteries in Himachal Pradesh[M]. New Delhi: Indus Publishing Company，1979.

外文译著

[1][印]僧伽厉悦.周末读完印度史[M].李燕，张曜，译.上海：上海交通大学出版社，2009.

[2][美]罗伊C克雷文.印度艺术简史[M].王镛，方广羊，陈聿东，译.北京：中国人民大学出版社，2003.

[3][英]丹·克鲁克香克.弗莱彻建筑史[M].郑时龄，支文军，卢永毅，等译.北京：知识产权出版社，2011.

[4][日]布野修司.亚洲城市建筑史[M].胡惠琴，沈瑶，译.北京:中国建筑工业出版社，2009.

[5][美]刘易斯·芒福德.城市发展史——起源、演变和前景[M].宋俊岭，倪文彦，译.北京：中国建筑工业出版社，2005.

[6][日]牧口常三郎.人生地理学[M].陈莉，译.上海：复旦大学出版社，2004.

学位论文与期刊

[1]沈亚军.印度教神庙建筑研究[D].南京：南京工业大学，2013.

[2]王媛.贵州黔东南苗族传统山地村寨及住宅初探[D].天津：天津大学，2006.

[3] 孙悦 . 瑞士阿尔卑斯山山地建筑设计理念与应用 [D]. 北京： 中央美术学院，2011.

[4]L 昌德拉 . 印度寺庙及其文化艺术（一）[J]. 西藏艺术研究，1992（01）：54-59.

[5]L 昌德拉 . 印度寺庙及其文化艺术（二）[J]. 西藏艺术研究，1992（02）：64-70.

[6]L 昌德拉 . 印度寺庙及其文化艺术（三）[J]. 西藏艺术研究，1992（03）：54-58.

[7]L 昌德拉 . 印度寺庙及其文化艺术（四）[J]. 西藏艺术研究，1992（04）：50-54.

[8]周晶. 喜马拉雅地区藏传佛教建筑的分布及其艺术特征研究 [J]. 西藏民族学院学报，2008，29（04）：38-48.

[9]章智源，黄少荣. 印度的庙宇 [J]. 西藏民族学院学报（社会科学版），1986（01）：50-66.

[10]吴继武. 21 世纪喀斯特山地建筑展望 [J]. 建筑学报，1998（01）：46-48.

[11]宣蔚，魏晶晶，唐泉. 地域性的回归——重庆山地建筑的生态性探索 [J]. 华中建筑，2010（05）：40-48.

[12]欧晓斌. 再论"形式追随气候"—— 建筑全球化背景下中国建筑师何去何从 [J]. 华中建筑，2008（01）：30-32.

[13]郭红雨 . 山地建筑的本土性 [J]. 新建筑，1998（04）：45-48.

[14]郭红雨 . 山地建筑意义的探寻 [J]. 华中建筑，2000（03）：28-29.

[15]Sandeep Sharma, Puneet Sharma. Traditional and vernacular buildings are ecological sensitive, climate responsive designs study of himachal Pradesh[A]. The National Institute of Technology[C]，2013.

网络资源

[1] 维基百科 [EB/OL]. http://en.wikipedia.org.

[2] 维基媒体 [EB/OL]. http://commons.wikimedia.org.

[3] 百度搜索 [EB/OL]. http://www.baidu.com.

[4] 谷歌搜索 [EB/OL]. http://www.google.com.hk.

附录　喜马偕尔邦神庙一览表

序号	名称地点	简介	图片
1	湿婆神庙（古卢捷卡苏特村）	印度教北方式神庙，建于8世纪，模仿林伽的形式，基座线饰没有复杂的雕刻，线脚的边缘比较圆滑	
2	湿婆神庙（巴拉特村）	北方式的印度教神庙，于700年建造。神庙坐西朝东，规模很小，大约10英尺高，采用当地石材建造，外轮廓为抛物线卷杀，由下而上逐步内收	
3	马斯罗尔岩凿神庙群（康格拉马斯罗尔村）	喜马拉雅地区唯一的岩凿式神庙群，大约建于8世纪，整个神庙群占地约160英尺×105英尺，主殿由门廊、柱厅、前室、圣殿构成，约20英尺高	
4	拜杰纳特湿婆神庙群（康格拉拜杰纳特村）	建于840年，在山区的神庙建筑中是早期神庙的一个杰出的例子，地处康格拉地区，它是著名的湿婆12神庙之一，又被称为帕拉莱亚·维纳神庙	

序号	名称地点	简介	图片
5	拉克什米·戴维女神庙（昌巴布拉玛村）	两坡屋顶，建于7世纪，位于布拉玛村的中心区域。主体结构为单层，建在一个石基座上，神庙的旁边有一个小型的附属建筑。主殿屋顶的脊与建筑的长边平行	
6	马哈苏尔·提婆神庙（马哈苏尔村）	主体为攒尖顶，在一个神庙群中，墙体为卡特库尼墙体，建造所用的木材是喜马拉雅雪杉木。主殿的平面为方形，风格跟当地的民居类似	
7	基亚里村民间神庙（昌巴基亚里村）	歇山顶，是一个典型的当地民间神庙。在山区这种小型神庙有很多，它们由不知名的本土建造者建成，材料和形式与住宅相似	
8	萨克提·戴维女神庙（昌巴克哈特拉里村）	建于8世纪初，为混合屋顶，处于一个神庙建筑群中。主殿面朝东北方向，神庙内的布局有内外两层空间，外层环抱内层，就像中国传统的金厢斗底槽	
9	毗摩卡莉神庙（西姆拉萨拉罕村）	混合屋顶，建于18世纪，屋顶则是歇山、攒尖、两坡的组合式屋顶，最上层是一个圆形攒尖顶盖，顶部有金属装饰，曾经三、四层供奉着女神卡莉，现在为了保护这个建筑遗产，内部功能已经不再使用	

序号	名称地点	简介	图片
10	阿迪·梵天神庙（古卢浩克汗村）	建造年代不详，从风格和建造方法上判断建于中世纪，位于浩克汗村的中心区域，是整个村落的文化和活动中心。这座神庙的建造技术和雕刻工艺都是空前的，为重檐金字塔顶	
11	西迪姆巴·戴维神庙（古卢默纳利村）	建造于1553年，神庙建在一个高大的基座上，位于一个坡地上，整体为木框架结构，庙顶是重檐金字塔式，平面呈方形，三面有走廊	
12	特利普拉桑德利神庙（古卢尼葛尔村）	重檐金字塔顶，这座神庙以及它的附属建筑建造在一块较缓的坡地上，主体建筑都在一条轴线上。入口处有一个独立的门廊，通过门廊是一个长廊，长廊的尽头处有两个歇山顶的小亭子，最后是神庙的主体部分	
13	纪伊寺（斯必提地区）	是斯必提地区历史悠久、规模最大的佛教寺庙，由仲敦巴于11世纪建造，这座寺庙位于山顶处，周围是一些西藏风格的单体，堆砌在山坡之上，层次感极强，远远望去如同一座坚实的堡垒	

序号	名称地点	简介	图片
14	塔波寺（斯必提地区塔波村）	最初由藏传佛教的传播者、喜马拉雅西部地区古格王国的国王伊西建造于 996 年。寺内精美的佛教壁画几乎涵盖了所有的墙壁。塔波寺现在共包含九座寺庙，四座窣堵坡，以及一些石窟	

调研日记

喜马偕尔邦行程图

2013 年 12 月 26 日（德里 晚 21:44）

经过一天的奔波，终于坐在了德里宾馆的床上。

早上 6:44 坐上南京到上海的动车，然后搭乘地铁二号线到浦东机场，托运、安检，乘坐 13:40 东航国际航班的飞机，于印度时间 18:40 到达德里国际机场。

过了海关，我们紧跟着汪老师和两名男生，此前听说印度的妇女地位不高，强奸案更是屡屡被报道。来印度之前所有的亲朋好友都叮嘱过，一定要跟着大部队，不能分神。可能是心理作用，总感觉当地人看我们的眼神怪怪的，空气中弥漫着不可信任的气味。汪老师熟门熟路地找到接我们的旅行社老板和司机，他们给我们每个人都戴上花环以示欢迎，拍了几张合照，还帮忙拿着行李。我们跟随着坐上了车。印度的时间比国内晚两个半小时，所以现在国内应该是 9 点多了，有点时差。在车上肚子很饿，但心里想的更多的是，印度，我来了，我会用一个月好好认识你。宾馆位于印度新旧德里交界的老城区，叫 Dannish Hotel。我们跟宾馆工作人员交涉，决定三个女生住一间，因为不敢单独住，对这个城市心存恐惧，两个男生一间，汪老师一个人一间。安顿下来，我们都累了，吃了自己带的食物，准备洗洗睡下。汪老师住在我们女生对面的房间，跟我们说，有什么事情就找他，并且嘱咐我们明早 8 点半吃早饭，然后去旅行社跟老板讨论行程跟价钱。

奔波劳累的一天！写完日记，准备睡觉。

12 月 27 日（德里宾馆 晚 22:20）

今天在宾馆吃早饭，餐厅在宾馆的楼顶上，是店主自己搭的棚子，偶尔有鸟儿在屋顶散步，餐厅周围到处是盆栽。惬意的早晨！早饭是西式的，一杯橙汁、四片烤面包、两个鸡蛋，还有印度的 Chai（发音和中国的茶相似）。吃完早饭跟随汪老师一起去旅行社，早上大家聚集在一起讨论行程，汪老师一如既往地熟悉，我们都听从他的安排。我们有三名女生要找论文素材，在国内已经做过一些初步的研究，每个人大致上都对自己要去的地方有了了解。经过一番讨论，做了一份大致的行程单，但是地点太多，我们的时间只有一个月，所以还有待调整。讨论着便到了中午，汪老师建议我们先去吃饭。

中午在德里脏的马路上逛了逛，到处是动物和人，地面上还有许多排泄物。印度人皮肤很黑，非常热情，会时不时地跟你搭讪。中午汪老师把我们带到了一家印度餐馆，点了印度菜。这边的食物不贵。印度人大多用右手直接抓食物吃，我们并不适应。餐馆里布满浓浓的咖喱味，初次吃印度菜，感觉咖喱狠辣，吃多了会比较腻。

德里是印度的首都，但到处是脏兮兮的乞丐，走在大街上，便会有乞丐围上来乞讨。印度小贩喜欢跟外国人搭讪，看我们是亚洲人，会说出几句韩文、日文或者中文。印度的妇女穿着鲜艳，街上有很多玲琅满目的纱丽店。

下午再次来到旅行社，继续跟旅行社老板谈行程，经过一些让步、缩减，初步订了 30 天的，接下来老板算花销。汪老师让我们几个今天先去红堡，由于他之前去过，就回宾馆了。开车带我们去红堡的小伙子跟我们一般大，是个大学生，为了赚自己的学费来做兼职司机，英语说得很不错。一路上遇到很多乞丐，只要一停车，他们便会围上来乞讨。

红堡是莫卧儿帝国时期的皇宫，属于典型的莫卧儿风格的伊斯兰建筑，位于德里东部老城区，紧邻亚穆纳河，因建筑主体呈红褐色而得名红堡。门票是250卢比，相当于25元人民币。红堡周围脏而乱。我们去得较晚，初次来到红堡，总觉得意犹未尽，拿着相机不停地拍照。天色渐晚，红堡也即将关门，我们只好回宾馆了。汪老师在房间等我们一起去旅行社，老板很客气地说现在是旅游旺季，而且我们去的点多，他定的价格是2 600美金一个人，我们每个人其实只带了2 500美金。汪老师希望给我们这些消费者节省点，便讨价还价，最终以一个人2 400美金成交（约合14 800人民币），旅行社负责我们在印度包括交通、旅馆和用车的行程费用，中晚餐和门票自理。

饿了一天终于可以回到旅馆吃东西了，明天真正的调研工作就开始了，我要坚持到最后。

12月28日（德里）

今天是行程正式开始的第一天，早上8:30从旅行社出发。

旅行社给我们安排了一辆新车，六座的那种，我们三个女生只好挤在后排。新司机英语不太好，跟我们交流有些许困难，导致带路并不顺利。我们先去了英迪拉·甘地纪念馆。英迪拉·甘地纪念馆简单现代，以白色为主，我们按照浏览路线走完一周。参观之后步行前往尼赫鲁纪念馆。尼赫鲁纪念馆以红色为主，可能由于是周末，当地的小学生也在学校的安排下排着队伍参观。他们很热情，不停地跟我们打招呼，喜欢跟我们拍照。

再次坐上车，司机带我们去新德里的中央政府部门区域。整个建筑群中轴对称，甚是庄严肃穆。但是很遗憾印度门那里不能停车，只能远远地拍了照片。新旧德里的差异让人觉得不可思议，我们一直在感叹竟然都在一座城市，新德里建筑偏古典，整洁干净，旧德里建筑杂乱，破旧不堪。怪不得说德里就是整个印度的缩影，贫富差距悬殊。接着去了德里国家博物馆。德里国家博物馆是典雅的白色建筑，馆内藏有古代印度不同地区和时期的各种珍贵历史文物，包括古代印度铜器、陶器、雕刻等艺术品，还藏有部分珍贵的外国文物，其中有中国甘肃敦煌绘画、西藏宗教器物等。汪老师对馆里展出的雕刻甚是喜欢，各个角度拍了很多照片。通过参观博物馆，我们了解了印度的一些历史、民俗。从博物馆出来下一个目的地是世界文化遗产地胡马雍陵，这是莫卧儿王朝第二代皇帝胡马雍的陵墓，也是伊斯兰教与印度教建筑风格的典型结合。陵墓主要由红色砂岩构筑，呈方形，四面都有门，陵顶呈半圆形。胡马雍和皇后的石棺安放在寝宫正中，两侧宫室放着莫卧儿王朝五个帝王的石棺。

告别了胡马雍陵，回到宾馆，吃了晚饭，一天又过去了。

12月29日（昌迪加尔，晚22:08）

今天早上8:30从德里出发，司机带我们来到德里大学。德里大学都是清一色的红砖建筑，简洁、大方，有大师的风范，现代感十足。大学里的工作人员很客气，没阻止我们进入校园。听汪老师介绍，印度注重教育，所以教师非常令人尊敬。之后司机又带我们来到尼赫鲁大学。尼赫鲁大学也是粗野主义的红砖建筑，可能是受到一些大师的影响，建筑风格大体类似。沿途中的民居建筑也很有印度特色，用色大胆、装饰精致，缺乏整齐的规划，倒别有一番风味。

随后我们直奔莲花庙。从远处看，莲花庙就像一个浑然天成的艺术品，蓝天、碧水、白莲花，让人不禁联想到圣洁这个词。莲花庙是巴哈伊寺庙，整座建筑由白色大理石建造。我们必须脱了鞋子才能进入内部，脚踩在地上有点凉。游客很多，来自全世界各地。庙内安静、庄严、肃穆，不允许拍照。出了莲花庙，巧遇一名巴哈伊教的传教士。他是一个法国人，会说中文，这让我们在印度倍感亲切，他说他非常喜欢中国。

经过5个多小时的车程，我们来到了著名的昌迪加尔。虽然三个女生挤在后排座位上，但连日奔波，我一路熟睡。汪老师在旅途中对我们照顾有加，他很有老教授的风范，告诫我们，做人要看贱自己，不要把自己看得很高贵，现在的年轻人都是独身子女，很不能吃苦。昌迪加尔是大师柯布西耶规划的，方方整整，明天我们就要去追寻大师的踪迹。到了宾馆，我们发现昌迪加尔的建筑也都很规整，很现代。

在宾馆旁边的餐馆吃了晚饭，仍然是鸡肉炒饭。在印度竟然吃了这么多天的鸡肉炒饭都不觉得腻，在家里还挑肥拣瘦的，想想自己真真该好好反省。所以人，要珍惜眼前拥有的。

12月30日（阿姆利则，晚20:57）

早晨，在昌迪加尔的宾馆吃了很丰盛的早餐，也是自助的，有肉，这让我们的胃和心都得到满足。接着我们去参观了一些昌迪加尔有名的建筑。柯布西耶的作品都很粗野，毫无装饰，规划的城市规整。我不明白这么热爱装饰的民族怎么允许如此粗野的建筑存在？印度人民比较热情，也比较好客，司机问路时，一招手就会有人过来，中国人要冷淡得多。汪老师很喜欢印度，说这个民族有希望。尽管印度穷人多，但他们似乎生活得很开心。我们来到了昌迪加尔政府建筑群，守卫的警察对我们很客气，了解我们是建筑学的学生后，让我们进入他们的高等法院内部参观。这座 1950 年代完成的现代粗野主义建筑，将大师柯布西耶的风范体现得淋漓尽致。柯布西耶考虑到当地的气候，也考虑到整个建筑的功能，在主要立面上满布尺寸很大的遮阳板。法院外表是裸露着的混凝土，上面保留着模板的印痕和水迹。秘书处大楼采用同样的风格，外表面也是混凝土面层，形体奇特而粗犷。

印度的动物生活自在，整个国家就像一个巨大的动物园，鸽子、猪、老鼠、松鼠、猴子，到处都是，路上还能随处可见马车、牛车。他们的卡车也很有意思，每一辆都装扮得很夸张，伴随着它们的喇叭声，好像要随时跳起舞来。

告别了柯布西耶，我们又是一路颠簸，来到了阿姆利则。晚上住在阿姆利则，准备明天的考察。

12 月 31 日（阿姆利则 晚 20:45）

今天是在阿姆利则，2013 年的最后一天，开始想念家人。打了个电话给老爸，得知他们在家很好，我也就安心了。希望爸妈健康、快乐，我在外面会照顾好自己。

早饭是宾馆给我们准备的煎蛋饼，吃完早饭我们就在汪老师的带领下出发了。首先去的是夏宫（Summer Palace），伊斯兰风格建筑，但没有得到很好的保护，貌似快被废弃了。可能由于文化遗产太多，所以印度的一些年代不算久远的建筑便没有被保护起来。夏宫对面是一处原为入口的小城堡，现在还在作为一些机构的办公楼使用。当地人让我们到屋顶参观，屋顶除了中间有一个大的亭子，四个角落还各有一小亭子，为伊斯兰风格，但是由于长期没人打理，又脏又乱。

之后又来到始建于 1891 年殖民时期的一所医院，名字叫做维多利亚医院。医院经过规划设计，虽然已废弃，但保存较完好。进入医院，让人感到阴森恐怖，里面很暗。

接下来便去寻找锡克教神庙——金庙。经过一番寻找和问路，首先找到的是一座类似金庙的小型锡克教神庙，要脱鞋，庙内地面潮湿，绕庙一圈后没有人的脚是干爽的了。可能因为靠近喜马拉雅山脉，阿姆利则的温度比周围其他地方低。离开它，我们便去寻找真正的金庙。看到金庙时，我们都被它震惊了。金庙很大，坐落在一个大型的水池中央，四周的墙壁上镶嵌着大理石，主体建筑几乎通体镏金，极为壮观，金碧辉煌。在这里不仅要脱鞋，还要脱袜子，并且要把头包起来。我们几个人用自己的魔术围巾套在头上才算达到了进入的要求。神池里面有许多锡克教教徒在沐浴，天气比较冷，他们为了信仰竟然不畏寒冷，真是一个神奇的国度。在庙内细细勘查下来，脚又冷又湿，不过也值了，这个经历令我难忘。

傍晚，我们来到印度和巴基斯坦的边界，观看了两国的降旗仪式。刚下车，就看到印度人跟赶集一样，所有人朝向一个方向跑，所谓的边界线就是两道大铁门，门上各自镶有本国的国徽。两扇门之间有一道约 2 米宽的隔离带，左右旗杆上，印度三色旗和巴基斯坦绿色的新月旗，在风中傲然对视着。我们作为"外宾"不需要和印度人挤，有外宾的看台，很多都是欧洲人，还有一些韩国人。印度这边明显比巴基斯坦那边的看台大，观众也要多。

仪式开始前，四周人声鼎沸，场内巨大的音响播放着印度的国歌。观众的情绪开始被调动起来，印度的小孩走上台随性地跳舞。不少人站了起来，挥舞着手臂，在统一的节奏下，齐声高喊"印度斯坦，万岁"，对面则高喊"巴基斯坦，万岁"，情绪激昂。在双方声势浩大的前奏下，8 名身高在 1.90 米的体格强壮的印度士兵，雄赳赳、气昂昂地入场，头戴鸡冠似的军帽，身穿过膝袍式军服，腰系红色绶带，脚蹬皮靴，个个威风凛凛。士兵们在昂首阔步走到观众面前时，开始单个或者两个表演起来，行走飞快，手臂前后摆动差不多到水平的位置，步子也迈得特大。然后戛然停住，开始踩着向前走，踢起可比肩的正步，靴子狠狠砸向地面，像雄鸡一样晃动脑袋，前胸一起一伏，怒目圆睁，双手握拳，一副充满了斗志的样子。随后两国队列中各出列一名军人，迈步走向对方，并将腿踢得高过对方肩膀，然后使足全身气力将皮靴砸在地上，力量之大仿佛有踏平对方之势。看两个大男人这样较劲，难怪有人说这里的降旗仪式举世无双，让人大开眼界！本以为严肃庄严的仪式最后成为一片欢乐的海洋，充满娱乐气息与节日的氛围。随着双方军人精彩出场，所有人都热情高涨，场面火爆。

看完降旗仪式，细细回想今天看到的，真是令人激动，这次旅行真正收获良多。

2014年1月1日（喜马偕尔邦，达尔豪西，晚21:35）

早上从阿姆利则出发，途中经过一所殖民时期的大学，名字叫 Khalsa College，1892年创立。大学的主楼是对称的古典建筑，标志着它是旁遮普邦的骄傲。由于在放假校，园里人丁稀落。教学主楼远看就像一座精致的城堡，是伊斯兰风格的，红砖建造，很有氛围。早晨柔和的阳光洒向建筑前规整的草地，如果能在此学习，那一定很幸福。

参观完 Khalsa College，接下来就是我们的山地之旅了。坐在车里，我们一路向西，开往喜马偕尔邦。一路绕着山路，随着海拔越来越高，渐渐地看到漫山的雪。冰雪覆盖的地方交通堵塞。海拔最后达到3200米，感觉越来越冷，应该有零下了。这次的目的地是喜马偕尔邦的昌巴县，我们的宾馆位于昌巴县的一个名为达尔豪西的小镇，正矗立在一座小山上。由于地面太滑，只好找了当地的人帮我们把行李扛到宾馆。他们看起来贫穷，但力气大。他们把行李用麻绳拴住，顶在头上，看着令人心疼。到了宾馆，开车的老司机便消失了，他被安排在一个可以睡觉、条件不太好的地方。我们三个女生被安排在一间豪华家庭房，有阳台，透过阳台能看到漫山美丽的雪景。可是真的太冷了，我们没想到印度也有这么冷的地方，房间里没有空调，不对着取暖器就会非常冷。在宾馆里安顿好后，汪老师说今天是元旦，晚上请我们吃饭。我们在房间的客厅里一起点了晚餐，2014年的第一天，虽然冷、饿，但是非常开心。

这样的经历不会再体验到了，感谢汪老师和我的同学们，还有关心我的朋友和家人，你们都是我生命中的宝贵财富。

视野开阔了，内心也会变得开阔。

1月2日（达尔豪西，晚22:02）

今天是迄今在印度最惊险的一天。早上从旅馆出发，已是9点，司机来叫我们，他是一位很守时的人。汪老师询问旅馆老板我们今天要去的一个点有多远，老板说可能来回要7个多小时。司机觉得晚上会赶不回来，不太想过去，因为是在山里，开夜车会很危险。但是在汪老师的强烈要求下，司机还是绕着盘旋的山路带我们去了。一路的景色确实壮观美丽，生平第一次见到。环顾四周，雪山围绕，在阳光的照耀下，明亮而耀眼。沿途还有很多蓄水池，池水碧绿，单是用手机拍摄下来，已足够漂亮。

中午我们来到 Bharmaur 小镇,在镇里发现一座印度教神庙 Lakshana Devi Temple,这是一座建于 7 世纪的木构神庙。汪老师很是兴奋,仿佛看到了金矿,他跟我说,这真的是宝藏啊。虽然我还是有点糊涂,不知道怎么下笔,但汪老师似乎有了很多想法。他给我暂定的题目是喜马拉雅山地建筑,神庙也会是论文中的一个章节。神庙的大厅内有很精美的雕刻,精美的天花板也是在印度神庙建筑中经常可见的。周围还有一些石庙和木庙,都为印度教神庙,建于 9—10 世纪,大多为瞿折罗·波罗提诃罗(Gurjara-Pratihara)王朝的建筑。

随后我们一行人来到昌巴镇,这是昌巴地区最繁华的地方。在镇上,我们碰到一个热情的当地人,他穿着整洁,看起来受过高等教育。在了解到我们对昌巴镇有兴趣后,他带我们参观了沿着小路的古建筑。后来的交流中得知他是一名老师,印度受过教育的人民不仅素质高、有礼貌,而且对人热情。汪老师跟我们边看边讲解了一些古建筑的构造,说镇上这些建筑以前都没见到过,是当地特有的。昌巴小镇的排水系统和我们国内的宏村相像,每户从门口的沟渠中取水供日用。在昌巴镇,我们研究了几座印度教神庙,还有几座零散的建筑,都是沿路而建。6 点时,司机开始催我们上车,不然就回不去了。天色已经暗了一大半,我真的有点担心夜晚的山路,因为白天看着都比较惊险。汪老师在繁华的小镇商业中心买了红酒,说是要弥补一下昨天没有喝酒的遗憾。可能白天吃得不多,再加上山路颠簸,我的胃很难受,真想下车去走走。

路上买了一些泡面,回宾馆泡了吃,发现真是美味,加上红酒,再冷也觉得很心满意足。达尔豪西真冷啊!我们住的地方没有空调,只能打开取暖器,还打了热水泡脚,这样整个身体才暖了起来。心里开始想家,想想还有二十几天,就回床上写日记准备睡觉。

1月3日(古卢 晚23:30)

一天的行程。终于到了宾馆,今天很累。一大早就出发,然后便坐了一天的车。山路颠簸,车内拥挤,让身心俱疲。山路如此崎岖难行,这是来之前没有想到的。坐在车上,一会头就撞一下车,心里想着要是再瘦一点就好了,另外的念头就是想早点回到宾馆躺到大床上。

今天去了两个重要的地方。一个是 Monolithic Temple,这是一座 8 世纪印度教的神庙,已经风化得比较厉害,庙顶坍塌下来,没有被很好地保护,但是雕刻大多保存得比较完好。我们在汪老师的带领下仔细地进行了拍摄。这里的建筑秀美，配上周围的雪山和一旁的湖水，景色怡人。另一个点是 Baijnath 的 Vaidyanatha Temple。这是一组保存比较完好的神庙群，雕刻精细，庙宇大厅的顶是金字塔形式的，周围聚集着好多猴子，还有几只我们在印度几乎没怎么见过的猫。我们同样得光着脚上去，爬上庙顶，站得高看得更远，周围的一派美景映入眼帘。天色不早了，夕阳已西下，今天天气真是不错。傍晚，一行人又上了车，疲惫的心让我很想立刻回到宾馆大睡一觉。

又是一路颠簸，到宾馆时已晚，吃完晚饭，准备睡觉。

1月4日（古卢，晚22:50）

今天仍然住在古卢。汪老师今日安排的路程不远，所以不会那么累。去的地方基本都在古卢附近，意味着不会在颠簸的车上待很久。早晨得知宾馆可以点餐，令我们开心。山上的宾馆就是实在，我们三个人点了鸡肉炒饭和一碗蘑菇汤，汪老师仍然吃烤面包和牛奶。胃得到满足，准备出发。

考察的第一个地点是北面的 Manali，当地的天气也比较寒冷。那里有一片老村庄，村里的很多房子不仅古朴，而且结构新奇。我们考察了一座 1553 年建造的有三重檐的印度教神庙。这座神庙名字叫做 Hidimba Devi Temple，雕刻精细，保存完好，处于一片树林中，其窗的形式和我们之前看到的神庙相同。从神庙出来，我们来到 Manali 的博物馆，那里有很多当地传统建筑的模型，刚好是我们需要研究的一块领域，真是不枉此行。

离开 Manali，上车一起前往 Nagar，参观了 Tripurasundari Temple。这也是一座印度教神庙，大厅同样三重檐，最后建成日期是 1990 年，但是有莲花的雕刻，很可能起初作为佛教神庙，只是后来被改造成印度教庙宇。接下来，参观了 Nagar 的 Castle Hotel。这是由传统的木构建筑改建而成的一个旅馆，我认为利用传统建筑的方式值得提倡，既保留了传统的形式，也提高了传统建筑的利用价值。我们看到一个类似展览的地方，以为是博物馆，进去才发现竟然是一个画廊。爬到很高的山上，一帮人终于找到了当地的博物馆。下山时突然下起了雨夹雪，汪老师照顾我们女生，让男生前去寻找，留我们几个坐进车里等他们。男生回来的时候全身都湿透了，真担心他们会感冒。

晚上回到宾馆的时间还早，我给两个男生泡了杯板蓝根，一路上得到他们的照顾，然后回房间收拾准备睡了。

1月5日（门迪 晚20:06）

今天比起前几天，相对清闲，汪老师认为今天安排的地点并不理想，离上次的地点太近。不过住宿还不错，是湖景房。

上午在古卢周围转了转，找到一座神庙，入内同样要脱鞋，建造年代比较近，伊斯兰风格。在附近还发现一些类似于井干结构的老房子，这类房子都顶着大屋顶，像戴着一顶厚重的帽子，应该是与当地的气候、地理条件有关，用以保暖和防御。它们大概有一百多年的历史，有的采用巴洛克风格的斜撑。有一座神庙让我们感到奇怪，被围在一处私人住宅中，据说神庙是家传的。没有能得到主人同意，我们未能进去观看。

坐上车，司机带我们来到古卢附近的一个村子。一个村民很热情，自愿带我们去参观村里比较有价值、年代久远的建筑。村内有一座寺庙建筑群，楼阁式，屋顶厚重，不能上人。我们在村民的带领下又爬上了一个小山丘，山顶有一座庙，明显是比较新的建筑，对于我们来说研究价值不大。参观完我们就下山了。

周边其他的小村子也很有研究的价值，老房子很多，还有碉楼。村民热情，我们给他们拍照，他们也很大方地给我们拍，不会害羞。汪老师说村落也可以放在一个章节来研究，渐渐地，我的论文结构变得清晰了。

这几天大家都在为我的论文奔波，四下收集实例，很感谢大家。

1月6日（西姆拉 晚22:30）

今天原本计划去远一些的地方，但汪老师安排明天再去，定下路程不是很远的点。宾馆的早餐只有面包，幸好还好有奶油和蘑菇汤，不然又吃不下去了。天天吃面包没有肉，对于我们几个肉食动物来说真的难以言表。下午在车上胃又开始不舒服，我的胃平时挺好的，暂且归咎于这几天饿的吧。

早上从门迪出发，到西姆拉的时候已经是中午，将行李放在宾馆，因为时间太紧，什么都没吃就饿着肚子出去考察了。先到了一个名为Gajeri Village的小村子，村里有几座碉楼建筑，只有本村的人才能进去朝拜，所以大家只在外围观看，拍了一些细节的照片。汪老师让我好好观察、记录、研究，多拍照片。看完这个村子，又驱车行驶15公里，来到了Sainj。这里有一座宫殿，Royal Palace，是19世纪的印度教建筑，主人不让我们进到顶层，所以只在一楼做了调研便离开了。回到车上，汪老师和司机讨论明天的行程。由于山路崎岖，明天的路程又比较远，很可能开夜路。司机一开始并不愿意，但在汪老师的坚持下，司机最后妥协了。

以后出去切记要多带吃的，饿的时候可以在路上吃点，往来奔波消耗大，又时常错过饭点，有时也不一定能看到餐馆，而且印度餐馆还不合我们的口味。饥饿是最难受的。

今天住在西姆拉。西姆拉比之前的几个地方海拔低，是喜马偕尔邦最大的城市，比之前到过的地区也要繁华很多。西姆拉是一座典型的殖民时期城市，当地最繁华的一条街道名为 The Mall。我们对这两天的行程充满期待。西姆拉旅馆的餐馆有肉可以吃，让我们这群肉食动物开心很多，大吃一顿之后回宾馆洗洗便准备休息了。

1月7日（西姆拉 晚22:17）

今天同行的一个女生身体不舒服，跟汪老师请假留在宾馆休息一天。真羡慕她，但想想现在是论文调研的重要地点，我必须坚持。给自己打气，最后几天调研的点认真的研究、拍照。

今天来到一个比较远的点，Sarahan。早上8点半就出发了，又是几个小时颠簸的山路，中午才到。今天后座只坐了两个女生，不像前几天挤得难受，身体能伸展得开，感觉舒适多了。路途中，汪老师看到年代比较久远的建筑就让司机停车，带我们下车研究、拍照。颠簸的山路使我们在车里喝水都会被呛到。经过4个小时左右，走了近200公里的山路，远处的雪山越来越近。问了当地人，这里离中国西藏边境只有120公里的路程，翻过雪山就是阿里的扎达。我们一直沿着河谷向上游走，这条河在西藏阿里叫象泉河，发源于神山冈仁波齐，流入印度后，叫萨特累季河（Sutlej River），最终流入巴基斯坦，汇入印度河。象泉河是古代象雄文明的摇篮，古格王朝兴盛一千年，留下了丰富的传说和宫殿、建筑遗址。汪老师一路上和我们说起前几年去阿里古格，路上走了好几天，从这里过去路途容易得多，有一双翅膀就可以立刻飞过去，不用经受高原的折磨。

我们的车在山路上行驶，一会儿上山，一会儿下河，虽然在山中盘旋，但始终可以看到西藏边境的大雪山，巍峨壮观，一时勾起我的思乡之情。

终于到了 Sarahan，看到了 Bhimakali Temple。这是一组大型的建筑群，曾经是一座城堡和神庙，采用碉楼形式，屋顶是日式的。门口有守卫，对游客检查严格。汪老师和杰忞入内参观，杰忞的眉心被不小心点了朱砂。在神庙的门口有印度师范院校一个班级的大学生在拍合影，他们听说我们来自中国，非常惊讶，这里基本没有中国的游客。我问他们有没有去过中国西藏，他们很想去看看。

考察完天色已不早了，我们便往回赶，晚上7点回到宾馆，还好没有走很多夜路。山里的夜路虽然景色优美别致，但是充满危险，出门在外，保证安全是最主要的。大家的身体状态到现在为止都还好，女生可能相对来说身体弱了些，汪老师的身体状态让人佩服。

吃上了晚饭，胃总算舒服了。

1月8日（德里 晚22:58）

留给西姆拉这座殖民时期的城市的时间只有半天，再次返回德里，同样半天的车程。

早上来到西姆拉的 The Mall，整条殖民时期的老街呈欧式风格，街道繁荣，小吃很多。在老街上，我们每个人买了些吃的拿在手上，走着走着，突然跑来一只猴子抢走了我的食物袋，见猴子没有逃开，我下意识地又夺了回来。再想想有点后怕，我也太冲动了，如果当时一大群猴子冲上来，恐怕就不能完整地回国了。这边的猴子猖狂，都不怕人。

下午一直在车上，海拔越来越低，晚上7点多终于回到了德里，感觉上回到一个熟悉的地方，心情舒朗许多。按照汪老师的安排，我们之后几天的调研路线是在印度旅游业很火的金三角，德里—斋浦尔—阿格拉，想到再也不用在高原上颠簸了，我的心和胃都舒展了。我在印度调研的主要地点基本结束，接下来要协助其他人完成他们的调研。

晚上住进来印度第一天住的宾馆。走在熟悉的老街上，感到逝去的十几天如此漫长，终于熬过来了，还有半个月的时间，想起印度旅游的广告词：Incredible India（不可思议的印度）。

1月9日（斋浦尔 22:30）

早上从德里出发，旅行社给我们换了司机，坐了一天的车，来到了 Pink City（粉红城市）——斋浦尔。斋浦尔的气温比德里高不少。刚来到斋浦尔，汪老师让司机先带我们去琥珀堡。琥珀堡呈暗黄色，很有历史。斋浦尔的雾霾很重，整个琥珀堡都沉浸在白茫茫中，从远处根本看不清楚。可以骑大象上城堡，不过汪老师不建议我们坐，说浪费钱也没有意思。

今天宾馆安排的早餐又是面包，到了琥珀堡已是饥肠辘辘。我和同行的女生在琥珀堡入口处吃了一碗泡面，花费 50 卢比，还是泡好的，胃得到了满足。可能车坐久了，整个人都不太舒服。琥珀堡是旅游景点，建在一座小山之上，为伊斯兰风格的建筑，广场上有少许商业。堡中花园规整秀气，为欧式风格。琥珀堡可谓恢弘而华丽，巨大而精致，它的背后蕴藏着拉其普特人传奇的故事。我们又一起来到镜宫，建筑不算宏伟，但华丽精致，让人流连忘返。看天色已暗，不舍地回到车上启程了。途中发现一处晚期印度教神庙，石刻没有之前看到的精致，形体却更加高挑。庙前有一个蓄水井，形式古朴。蓄水井的形式多被翻版，看见了原版的水池，也挺有趣。

回宾馆的途中经过斋浦尔的老城区。老城区相当繁华，到处是小贩，但到处脏乱。司机貌似对斋浦尔并不熟悉，总是走错路，问了好多人之后，总算找到了我们的宾馆。

吃了晚餐，整个人又充满活力，静下心，回忆今天所见，记于日记中。

1月10日（斋浦尔 20:23）

这几天在印度旅游胜地"金三角"调研，没有之前在高原的时候行程安排那么紧。早上 8 点半吃完早饭，宾馆早餐是自助餐，土豆饼、芒果汁和木瓜就成了我的主食。

9 点出发，首先去斋浦尔博物馆。在博物馆入口处买了套票，175 卢比，还算比较便宜，而且包含琥珀堡的门票，虽然昨天买的票就白费了，但是节省了时间，这比什么都重要。博物馆里的东西不如德里的博物馆多，斋浦尔博物馆是一个伊斯兰风格的建筑，韵味十足，本身已是很好的展品。

随后，司机带我们去了斋浦尔的艺术中心，是建筑大师柯里亚的作品。整个建筑的平面呈九宫格形状，中间的小庭院模仿昨天见到的蓄水井的形式，整体色调和斋浦尔的色调统一，也是粉红色。建筑内部展示了一些艺术品和民俗用品，我对这些很感兴趣。下楼的时候我在用心的看一幅抽象画，不小心扭了脚，导致整个下午都在疼痛中行走，只能怪自己太大意了。

下午汪老师带我们到斋浦尔的城南街区，去了斋浦尔的古天文台和风之宫殿。古天文台是辛格（Sawai Jai Singh II）在 1728—1734 年的杰作，这些用复杂的石头建起的巨大组件每一个都有其重要的作用，不亚于现代的仪器，让人感叹古人的智慧。风之宫殿是斋浦尔的地标性建筑，初见它时，便感受到它的奇特与精致，据说一共有 953 扇窗，供曾经住在皇宫里的女人看宫外的世界，又不会让外面的人发现她们。风之宫殿的通风效果很好，是当地气候炎热下的产物。这一地区开发了很多旅游景点，独具特色，但气温较高。

考察结束，大家准备一起回宾馆。汪老师的 SD 卡出了问题，回去的路上经过索尼专卖店去维修，我们饿着肚子等待，时间感觉如此漫长。回到宾馆，吃过晚饭，在休息时记下一天发生的事情。

1 月 11 日（阿格拉 晚 22:53）

早上从斋浦尔出发，去往阿格拉，这座莫卧儿王朝的都城，让人期待着它的迷人之处。在离开斋浦尔前经过一座古城堡，汪老师带领大家去古堡查看。由于我的脚还没好，便待在车内。司机见我一个人，用不太娴熟的英文跟我聊天，问我怎么不去，我说脚扭了，他还要给我涂脚的药，非常热情。待大家回来，说那是一处私人住宅，不让随意进入。接着便坐上车，一路行驶。

途中还经过一个叫 Abaneri 的地方，那里有一座已被穆斯林破坏了的 8—9 世纪的印度教神庙，虽残缺不全，但雕刻仍然精美，大体形制保存还算完好。神庙东侧 100 米有一个蓄水井，比昨天在斋浦尔看到的还要壮观。蓄水井四周有廊道围绕，内部有很多石雕。

随后用了几个小时的车程，我们来到了阿格拉城外的法塔赫布尔·西克里城（Fatehpur Sikri）。身处法塔赫布尔·西克里城，不禁让我想到阿克巴大帝，他是一位多么睿智、伟大的皇帝，建立了军事和经济上强大的莫卧儿王朝。他在此生活了 14 年，因为没有充足的水源供给，将法塔赫布尔·西克里城放弃。即使被遗弃，夕阳下红色砂岩的宫殿依然精彩，值得一看。宫殿不远处有一座伊斯兰教神庙，鉴于脚伤未愈，我坐在神庙门口帮忙看鞋，心里暗自后悔自己走路怎么这么不小心，白白浪费了考察的好机会，难得出来一次。等着等着，他们便出来了。

在回宾馆的路上，我们看到 KFC，顿时仿佛看到了金矿，想想已经多天没有好好吃一顿肉了，所以无比开心。我们点了两个全家桶，把多天的饥饿一起吃了回来。

明天计划去"时间面颊上一滴爱的泪珠"——泰姬·玛哈尔陵，很是期待。

1月12日（阿格拉—贡达的火车上）

今天是在阿格拉的最后一天，今天晚上即将第一次切身体验印度的火车。

早上第一个目的地是 Brindava 宗教古城，我们跟随汪老师进入一座古庙做调研。随后又在老街上到处看看，还是一贯对印度的印象，印度的贫民特别多，乞丐不少，无论哪个城市，走到哪都有人乞讨。印度猴子多，上次在西姆拉抢我的食物袋，今天在街道上，抢走了同行女生的眼镜，到手后瞬间就爬上了树。接着来了一帮人，他们说可以帮忙拿回眼镜，但是需要报酬，没办法只好同意了。他们用胡萝卜和橘子从猴子手中换到眼镜，并收取 200 卢比。不知道猴子事故是不是个偶然，总之这个国家的猴子太猖狂了。

下午来到待已久的泰姬·玛哈尔陵，由于汪老师已经来过，他在停车场等我们。我们坐上免费的游客接送车，大概 5 分钟到达泰姬·玛哈尔陵的门口。游客特别多，来自世界各地，都在忙着拍照。尽管通往泰姬·玛哈尔陵的广场热热闹闹，但是泰姬·玛哈尔陵矗立在那里，静谧而安详，不受任何世俗的影响，就像沙·贾汗对泰姬·玛哈尔的爱情一样，永远是那么圣洁美好，不会被世俗的尘埃沾污一点。亲眼所见，比图片震撼许多。外国人的门票是 750 卢比，当地人只有 20 卢比，但外国人不用排队，直接可以进入，而当地人排了很长的队伍。我们光着脚绕泰姬·玛哈尔陵细细地走了一圈，白色大理石在夕阳下泛着柔柔的光，很美，让人心中不禁感叹爱情的真挚和伟大。显赫的王位会被人遗忘，但爱情的誓言以这种永恒的方式，永远留在了这片大地上和人们的心里。

考察完泰姬·玛哈尔陵，我们一致决定去 KFC 打包带上火车。阿格拉的火车站是麻雀的天堂，月台的篷顶上落满了麻雀，走在露天处，随时可能被麻雀的粪便击中，令人瞠目结舌。在候车厅不期而遇一群不丹的学生和日本人。火车站的管理不善，几乎没有工作人员，没有人提醒火车晚点，也没有人提醒火车改到了哪个月台，只能自己注意。我们几个人一直警惕着，生怕错过了火车而影响之后的行程。最终火车晚点 1 个小时，12 点，站台上的电子显示牌上突然出现我们期待已久的车次号码。不知哪来的力气，拿上行李，一路狂奔登上火车。坐在车厢内，提着的心放了下来，明天不出意外就到贡达了。

1月13日（瓦拉纳西）

由于火车晚点，我们于中午11点多才到贡达，短短几百公里，火车居然晚点5个多小时。到站后我们找到了司机，他也等了5个多小时，深表歉意。时间紧凑，中午我们随意地吃了自己带的东西，又坐上车出发了。这个点叫舍卫城（Sravasti），为释迦牟尼停留过的地方，曾是憍萨罗王国的首都，历史上是一座很繁荣的城市，如今仅留下舍卫城遗迹和祇园精舍。这里有很多是佛教遗址，多为窣堵坡和佛学院。

调研完毕，继续乘车，目的地是瓦拉纳西，一直听说瓦拉纳西的鹿野苑和恒河，抱着很期待的心情踏上了前往瓦拉纳西的路。在车上，司机一直在打电话，好像说车出问题了，远光灯不好，车不好开，还会自动熄火。本来我们就非常疲惫，车又出了状况，更让人担心的是今天恐怕要在车上过夜。司机英语很差，跟我们没法交流，最后汪老师与他们老板通了电话，说另派一辆车从瓦拉纳西来接我们。就这样，走走停停，半夜接我们的司机才到。新司机开车一路顺利，次日凌晨2点半到达宾馆。我们实在太累了，简单洗洗就睡下了，没有在半路上过夜令我们很欣慰。

好好休息，明天还要出门调研。

1月14日（菩提伽耶）

早上在瓦拉纳西，汪老师带我们去五比丘迎佛塔（Chaukhandi Stupa）。这座塔用来纪念当初因误会而背弃佛陀的五位伙伴，与佛陀重修旧好后，成为佛教第一批僧伽的故事。

然后去了鹿野苑，这里是释迦牟尼成佛后初转法轮处，佛教的最初僧团也在此成立，是佛教在古印度的四大圣地之一。刚靠近鹿野苑，就有一大帮小贩向我们袭来，推销自己的商品，小贩看到我们竟然以用中文向我们推销，看来到这里的中国人真的很多。没办法，多多少少买了一点。在鹿野苑我们碰到了很多亚洲人，他们都是虔诚的佛教信徒，来此地是为了离佛祖更近一些。鹿野苑内除了佛学院的遗址，最显眼的应该是达曼克塔，上面有很多佛教的雕刻，塔正在维修。这里不像国内的寺庙总有很多香客，很热闹。

这几处佛教遗址好像从脏乱的印度割裂开的一块地方，干净、安静，令人不禁想多做停留。菩提树下，安静的红砖默默地传输着佛教思想，似乎吸引人静静地躺着草地上冥想。

下午我们来到印度的母亲河——恒河。初到恒河，感官不佳，到处是贫民、动物，还有垃圾和粪便，恒河中也漂浮着很多垃圾。外人看来，此地甚脏，但在印度教教徒心中，恒河却无比神圣。据说这里有很多老人，他们在离世前赶到恒河，希望恒河能洗净罪恶，让来世享福。印度的这条母亲河承载了多少希望，也包容了多少罪孽。在汪老师的带领下，我们沿河岸走了一段。这里有很多石阶，形成河埠和码头，被称为 Ghat，从岸边一直延伸到水里。听汪老师介绍，夏季发洪水时河水涨得很高，现在的季节刚好可以在河岸上走走。汪老师特地带领我们看恒河边上的火葬，感受印度人的生死离别。我心里总有恐怖的感觉，印度人看淡了生死，一把火后，便推入恒河，既不占耕地，也免了清明的祭祀。恒河岸边的街巷很窄，同样很脏，神牛随时挡住行人的去路，还有随处小便的印度男子，我们看到只能默默避开。时而有一队抬着黄色绸缎包裹的尸体的人从身旁走过，他们要到恒河边上火化。

天色渐暗，准备前往菩提伽耶。又是昨天的司机，他似乎又不愿意开夜车，但天色尚未黑，有了昨天的经历我们淡定了很多，昨天替补的司机又再次做了替补。9点半我们到达宾馆，这边中国的游客很多，所以宾馆的食物很合中国人的口味，竟然还有清淡的炒菜和粥，价格也便宜。

1月15日（菩提伽耶）

今天在菩提伽耶。在宾馆吃早饭，早饭合胃口，真令我们开心，有粥，还有几个清淡的炒菜，这家宾馆的食物物美而价廉。宾馆的老板是一个胖子，英文说得不错。我们在他的礼品店里转了转，汪老师向他问路，也许因为老板的热情，汪老师不太好意思，于是买了很多纪念品，老板又开心地送我们一人一个小礼品。

驱车行驶了几分钟便到了摩诃菩提寺。这座寺庙是菩提伽耶最出名的建筑，也是佛陀成佛得道的地方，最早为公元前3世纪大兴佛法的阿育王所建。有很多藏民来到这里，他们很虔诚，从西藏而来只为心中的信仰。我们在寺庙内外都转了一圈，看到很多亚洲面孔的修道者，年龄似乎很小，游客也很多。比起前几个佛教遗址，这里已经形成一定的商业氛围。汪老师在门口的书店里买了几本书，我们在里面的商铺买了些纪念品。中午在车上随便吃点自己带的食物后，司机带我们去附近的一条干涸的河，汪老师介绍会有人在那里火葬，和昨天在恒河边看到的一样。随后汪老师领着我们来到一个村子，村子里有几座奇怪的石山，全部由石头堆砌而成。他见我们女生比较累，就带着男生在村民的带领下继续寻找遗迹，据说这里有印度最早的佛教石窟。

1月16日（巴特那）

今天早上宾馆准备的早饭又是面包，我不怎么想吃，便在房间里吃了一碗泡面。汪老师和另外两个男生适应能力强，面包片也吃得开心。

上午，先到灵鹫山，这里是佛陀修行12年的地方。坐缆车上山，上下共花费60卢比，很便宜。坐缆车虽然有趣，但感觉很危险，在国内这么简陋的设施估计已不存在。登上山顶之后，稍稍走了一段，便可以看见日本佛教徒在山顶修建的"世界和平塔"和一座佛堂，纯白色的建筑干净而出尘。山顶有不少长尾猴，这些猴子友好得多。山顶不大，很快我们便结束考察。汪老师让女生们在山顶等，他们几个继续去寻找佛陀修行的山洞。

从山上下来，我们去往那烂陀寺。那烂陀是古印度佛教寺庙及学术中心，据传是释迦牟尼的大弟子舍利弗诞生及逝世之处，释迦牟尼曾路经此地。那烂陀寺规模宏大，建筑壮丽，藏书丰富，学者辈出，是古代印度的最高学府。遗址仍有学院的氛围，清新雅致，和印度之前留给我的印象格格不入。佛教的初始在印度，传播也在印度，但如今它的家乡渐渐被印度教侵蚀，只余一小块干净脱俗的地方以做纪念它。

晚上司机花了很长时间才找到我们预订的宾馆，Buddha Heritage。我们在宾馆的大厅吃了晚饭，在房间洗了热水澡，终于可以休息了。

1月17日（巴特那—加尔各答）

今天真的是很惊险，也很幸运。

宾馆的早餐很丰盛，我们都狠狠地往胃里塞食物，害怕下午会饿肚子。一天的调研又要开始了。吃完早饭回房间收拾行李，今天晚上要赶火车，去加尔各答。

早上在汪老师的要求下，司机开车带我们去了吠舍离（Vaishali）。吠舍离位于今天印度比哈尔邦首府巴特那的北边，是释迦牟尼时代著名的大城市，佛陀在此城预言自己即将入灭。吠舍离也是佛教的遗址，内部有窣堵坡，还有阿育王柱，和之前的佛教遗址很像，但规模小了。

今晚要乘火车，匆匆收工返回旅店。回程的时候居然堵车，比南京的长江大桥堵得还严重。在车上大家开始绝望了，堵了3个多小时。汪老师已经想好赶不上火车我们立即改签下一班，不能影响后面的行程，但是卧铺肯定没有了。印度火车票特别便宜，被称为穷人的大篷车，而卧铺票要提前一个月在网上预定，可谓一票难求。在拥堵的大桥上，汪老师当机立断，与交警交涉，我们在对面车道逆行了一大段（此时出城的车少，印度交通管制不如中国严格）。7点40才从桥上下来，火车是8点20车，眼看就要来不及了，至最后一分钟才赶到火车站。汪老师让当地人给我们带路，每人提着自己的箱子跟随他飞奔到火车月台，使足了马力，一路狂奔，找到火车立刻上去，始发的火车居然晚点几分钟，冥冥之中好像在等我们。在火车上找到自己的位置坐了下来，气喘吁吁，连说话的力气都没了。真是幸运，如果今晚没赶上火车，接下来的行程就被影响了。

在火车上吃了自己带的泡面，提到嗓子眼的心总算落了下来。我们买了卧铺车厢。印度的火车卧铺，中间的铺位可以收折，方便下铺的人起坐，到了晚上10点多，便可以放下来睡觉了。躺在火车上，脑海里仍在回放着今天的惊险旅程，感叹着：万幸，有惊无险。

1月18日（加尔各答火车站）

今天的火车没有晚点，想想昨晚好不容易赶上火车，又是一番感慨。同行的一个男生在火车上上吐下泻，估计有点食物中毒。印度的卫生条件太差了，食物不干净，我前阵子一直在拉肚子，只能自己稍微注意。

到了加尔各答来了两辆车接我们，我们提出先去吃东西。可能时间还早，才8点多，餐厅大多没开，只好等了会儿。坐在餐厅里，我也感觉肠胃不适，又是拉肚子。这栋商业建筑还没营业，看管的人不让我进去使用卫生间，没有办法只好趁他不注意，偷偷溜上去。加尔各答的建筑有很多是殖民时期建造的，所谓的大城市也逃脱不了印度脏乱的影子。担心赶不上火车，匆匆跟这座城市说再见，直奔火车站。一行人坐在火车站的月台上等火车，我们几个经过几天的折腾还有拉肚子的伤害，只能坐着休息，反而汪老师体力最好，买了食物，为下午做准备。火车站内有很多印度人，衣衫褴褛，躺坐在地上，妇女则将纱丽铺在地面上，躺在上面，同样有很多乞丐，时不时地过来向我们乞讨。

还有六天了，想到可以回去吃美味的食物，开始想念家乡，国内生活真的是挺美好的。

1月19日（布巴内什瓦尔 晚 21:38）

布巴内什瓦尔是印度奥里萨邦的首府，已经有 2 000 多年的历史了，古时它曾是喀林伽帝国的都城。这座海边小城较干净，宾馆的早餐也不错，有鸡肉，我们尽量吃得很饱，以防下午肚子饿。

芦兴迟前几天食物中毒，还没完全恢复，一个人留在宾馆休息。

我们的第一站是科纳克太阳神庙，门票是 250 卢比。太阳神庙由 13 世纪的古印度卡灵伽国王纳拉辛哈·德瓦建造，是婆罗门教的圣地之一。神庙精美的建筑雕刻和装饰以及宏伟的外形，使其成为印度著名的旅游和宗教胜地，吸引了国内外众多游客。海边小城温度较高，比较晒。我们用之前买的围巾裹在头上，跟随人群参观神庙。时不时地有人来求合照，印度人对外国人如此好奇，来印度这些天，我们已经被合照无数次。离开神庙前往布里，参观了布里的老街和古塔。布里是一个宗教中心，每年有大量印度教教徒来此朝拜。肮脏的马路伴随着炎炎的烈日，真使我们有立刻奔回旅馆的冲动。布里有一座印度教神庙，但是只允许印度人进入，只好作罢。

回程时让司机带我们到海边转转，蓝天、白云、沙滩、大海，看见它们真的什么都不用想了，尽情享受眼前的美景，将所有的烦恼和不开心都抛至脑后。

天色渐暗，汪老师喊我们回宾馆。我们擦干脚上的沙子，穿上鞋，意犹未尽地返回车内。

回到宾馆，愉快地吃了晚饭，准备休息。

1月20日（布巴内什瓦尔）

又是一顿丰盛的早餐。吃完早饭，精力充沛地出发了。

第一个点是 Khandagiri and Udaygiri Caves，石窟在两座小山上，有很多洞穴，洞穴里的雕刻精美，保存比较完好。对面也有一座小山，同样也是布满石窟。

下午我向汪老师请假留在宾馆休息，因为布巴内什瓦尔的气温太高，我的脚还未完全好，同行的男生胃也没有康复，我们就一起留在宾馆里。

明天定了早晨的航班去孟买，留下来的人负责在房间内收拾东西。晚上早点休息，明日早起。

1月21日（孟买 晚21:49）

早上6点半起床，然后去机场，9点10分从布巴内什瓦尔出发至孟买，11:15到达孟买。孟买是印度西岸的大城市和全国最大海港。"孟买"一词来源于葡萄牙文"博姆·巴伊阿"，意为"美丽的海湾"。

初到孟买，第一印象是这座印度第一大城市比我们之前去过的城市要干净、整洁，路上没有很多粪便和乞丐，可能更国际化，市民穿着简洁。气温比之前所有的地方都高。中午到宾馆点了炒面，时间很赶，吃完来不及休息就出发前往印度门。

印度门就像上海的外滩，但没有上海洁净，是为纪念英国国王乔治五世1911年访印在此登陆而建造的。这座古吉拉特式的宏伟建筑，兼有伊斯兰教和印度教的建筑特色，现已成为孟买市的标志。印度门的周围有很多商业中心，既有高大上的宝石，也有廉价的假珠宝，正如印度的穷人和富人，他们生活在同一个城市，一样地和谐。返回时到孟买湾的海滩逗留了一会儿，海滩有点脏，没有布巴内什瓦尔的碧海蓝天，有大量的人，吵杂而混乱，沙子也没有之前的干净，这些使我们对它难有兴致。5点多，让司机带我们回到了宾馆，汪老师安排明天到书店买书。

在宾馆周围找到了小吃一条街，有烤鸡店、蛋糕店，我们一下子去找吃的了。大家打包了蛋糕，买了零食准备之后的路上吃。

1月22日（孟买）

早上终于可以多睡一会儿，8点起床，吃完早饭上车。今天看孟买的现代建筑，这些建筑的周围也很干净，不过很多建筑都不能入内，只能在四周看一看。

之后，汪老师率领我们来到维多利亚火车站。维多利亚火车站是世界上唯一一个被列入《世界遗产名录》的交通运输类建筑，1888年建成，为纪念维多利亚女皇即位50周年而命名，是一座宏伟的哥特式建筑，融合了印度的传统建筑风格，布满了精美的石雕，从建成至今一直是印度最繁忙的火车站。火车站的旁边是高等法院，也是殖民时期的建筑。高等法院外设置了多台多用老式打字机给打状纸的人使用。我第一次见到这种打字机，感到很新奇。印度的穷人活路多，告状有门，所以社会安定。

下午我们又去调查几座现代建筑。在Shopping Mall（孟买世贸大厦）周围拍照的时候，被保安制止了，还让我们把照片删掉。杰忞跟保安争执了几句，因为我们人还在大楼外面，跟大厦的保安没有一点关系。他们居然报警了，和之前的印度人态度反差极大。也许这座建筑出现过恐怖袭击之类的问题，所以保安特别谨慎。过一会警察来了，将我们带到警察局。在警察局汪老师与警察说明了情况之后，他们就让我们出来了，不过相机里面的照片都被删除了，非常遗憾。

晚上回到宾馆，去小吃街吃了昨晚心心念念的烤鸡腿，还买了一堆甜点。今天发生了意外，我们应该多加注意言行。

1月23日（艾哈迈达巴德）

早上在宾馆，4点40起床，赶孟买到艾哈迈达巴德的飞机，飞机起飞时间是8点10分。两座城市离得很近，仅仅在飞机上眯了一会儿，就要降落了。印度的国内航班不像我们国家的免费提供吃、喝，食品是要付钱的。艾哈迈达巴德的天气没有孟买那么湿热，比较适宜。

到了宾馆后放下行李，同行的一名女生提出仅仅一个下午留给这座城市是不够的，因为这里既有大师的建筑也有一些古庙需要研究。我们六人果断地做了决定，兵分两路，一路考察现代建筑，一路跟随汪老师探寻古迹，这样既节省时间，也达到此行的目的。我们先去了 IIM，既印度管理研究所艾哈迈达巴德分校。这座学校初创于1961年，由印度政府、工商界与古吉拉特邦政府创办而自治校务，是 IIM 体系中历史第二悠久的学府。在门卫处我们简单地说明了来意，做了登记便可进入校区。老校区由建筑大师路易斯·康设计，我们三个人放缓脚步，仿佛置身于一件巨大的艺术品中，感受着建筑的韵律、气势。校区与周围的环境浑然融为一体，同行的男生说此景令他感动，每个场景都是一幅画，空间的把握非凡。

告别了路易斯·康的作品，我们来到大师多西设计的学校——CEPT 大学，它是一所建筑大学。一进校区，我们就看到很多学生在做结构模型。CEPT 大学像我们国内的建筑学院一样，注重动手能力。通过与当地学生交流，我们了解到学院自己还会出版一些专业方面的书籍。在图书馆门口，摆放着很多印度传统建筑的模型，这让我喜出望外。我们跟学校的职员表示，希望可以看看学院的研究成果，他们热情地带我们参观学校的书库。

接着，我们考察了三个印度本土设计师的作品，其中有多西设计的一个画廊——侯赛因—多西画廊。这个画廊具有表现主义倾向，有洞穴的意向，部分埋在地下，画廊中彼此相连，外部看来，是由多个鼓起的壳体连接而成，表面材料是碎瓷片。对多西，中国建筑界并不陌生，但初次看到他的作品，还是有不少惊喜。还有艾哈迈达巴德桑伽建筑事务所，建筑也是多西设计的，同样建筑的表面使用碎瓷片，部分埋在地下，由多个拱顶拼接而成，手法和画廊略相似。工作室的周围绿化很好，有很多绿地和流水设施。穿过花园和池塘，便到达工作室的入口，但错过工作室对外开放的时间，不能进入参观，好在可以在工作室的外围走动。清晰可见里面的设计师在埋头苦干，和国内的事务所一样，有一些模型和作品。在这样一个工作室里工作的建筑师一定会倍感幸福。

5点多，我们回到宾馆，今天收获颇丰。待其余三人的归来，大家一起交流了今天的所见所想，一起吃了晚餐。

1月24日（艾哈迈达巴德）

今天是待在印度的最后一天了，想着明天就在上海了，很是激动。

上午先去甘地纪念馆。甘地纪念馆建于1958—1963年，由建筑师 C. 柯里亚设计。简朴的砖墙、瓦顶、石材地面和木门窗成就了甘地纪念馆，整组建筑没有使用玻璃和其他现代材料，采光和通风通过木质百页进行调节。纪念馆就像村落一样，中间有一个水院，平面布局灵活，室内外空间穿插渗透，非常精彩。

之后的一个点是司机带我们去的，我们也一头雾水，不知道是什么地方。看了简介才知道，这里是印度一位现代建筑师的纪念馆。我们不熟悉此人，便没多下精力去研究。

汪老师带领我们来到一处蓄水井，走进去看，真是壮观，所有人都被震撼了，这种场景似乎只在电影里见过，没想到能够亲眼所见。古代崇拜水神的印度人在水源上建造了一座美丽的庙宇，这便是达达·哈里尔阶梯井（Dada Harir Vav）。达达·哈里尔阶梯井建于1499年，现已闻名于世界。水井很深，为了方便民众取水，在水井两侧修建了大型的台阶，可以从地面直接走到井边。虽然现在水井已经废弃，但宏伟的建筑物依旧伫立在风雨中。顺着台阶往下走，经过五层，每层的两侧墙壁都有佛龛，柱子上的雕刻美轮美奂，仿佛是通向神秘的地下世界的入口。排列整齐、极有韵律感的柱子支撑的5层花坛装饰着70米长的大台阶，指引吸引着人们到达井边。从通风口射入的阳光照射出复杂的阴影，柱上墙边的浮雕似乎在演奏着一曲和谐的梵音。

在阶梯井后方几十米的地方，有两座古庙的遗址，伊斯兰风格。我们通过狭窄的楼梯登上屋顶，俯瞰这一处的建筑。

随后考察了一座耆那教的神庙，雕刻同样精彩，但是我们貌似有点审美疲劳，并且仍然震撼于之前看到的台阶井。由于时间有限，一同坐进车里，向机场出发，搭乘飞往德里的飞机。晚上 9 点多起飞从德里飞向祖国的怀抱，从未对家乡如此想念。

图书在版编目（CIP）数据

印度喜马偕尔邦传统建筑／汪永平，王婷婷编著．
南京：东南大学出版社，2017.5
（喜马拉雅城市与建筑文化遗产丛书／汪永平主编）
ISBN 978-7-5641-6972-5

Ⅰ．①印… Ⅱ．①汪… ②王… Ⅲ．①古建筑-建筑
艺术-印度 Ⅳ．① TU-093.51

中国版本图书馆CIP数据核字（2017）第 008631 号

书　　名：印度喜马偕尔邦传统建筑

责任编辑：戴　丽　魏晓平

装帧方案：王少陵

责任印制：周荣虎

出版发行：东南大学出版社

社　　址：南京市四牌楼 2 号

邮　　编：210096

出 版 人：江建中

网　　址：http://www.seupress.com

电子邮箱：press@seupress.com

印　　刷：深圳市精彩印联合印务有限公司

经　　销：全国各地新华书店

开　　本：700mm×1000mm　　1/16

印　　张：13.5

字　　数：250 千字

版　　次：2017 年 5 月第 1 版

印　　次：2017 年 9 月第 2 次印刷

书　　号：ISBN 978-7-5641-6972-5

定　　价：79.00 元

若有印装质量问题，请与营销部联系。电话：025-83791830